高等学校电子信息类创新与应用型规划教材

# 电工电子基础
# 实践教程

朱新芬　主编

施竞文 黄文彪 郑利君 副主编

清华大学出版社

北京

## 内 容 简 介

本书涵盖电工电子技术基础的实践环节所涉及的内容,采用硬件与仿真软件相结合的方法介绍电子电路设计制作的方法、技能。

全书共分 5 章。第 1 章电子技术工艺基础,主要包括常用电子元器件的识别与测量、焊接技术、电子装配工艺及综合技能实训等内容。第 2 章电工电子电路的设计与制作,主要包括电子电路识图与分析方法、Protel DXP 操作与应用、调光台灯、流水灯和八路抢答器的制作。第 3 章模电课程设计,主要学习音频功放电路的设计与制作。第 4 章数电课程设计,主要介绍怎样在 Quartus Ⅱ 软件中用 VHDL 语言设计数字电路。第 5 章高频电子线路课程设计,主要介绍 FM 收音机电路的设计与制作。

本书适合作为应用型高等院校电子、通信和自动化等电类专业低年级本科生的实践教材,同时可作为机械类工科各专业本科生的实践基础教材,也可作为学生电子技术课外实践、毕业设计环节的实用指导书,还可供职业教育、其他相关技术人员参考。

**图书在版编目(CIP)数据**

电工电子基础实践教程/朱新芬主编.—北京:清华大学出版社,2017(2024.7重印)
(高等学校电子信息类创新与应用型规划教材)
ISBN 978-7-302-45895-1

Ⅰ.①电… Ⅱ.①朱… Ⅲ.①电工技术-高等学校-教材 ②电子技术-高等学校-教材
Ⅳ.①TM ②TN

中国版本图书馆 CIP 数据核字(2016)第 298823 号

责任编辑:张 玥 赵晓宁
封面设计:常雪影
责任校对:李建庄
责任印制:沈 露

出版发行:清华大学出版社
    网 址:https://www.tup.com.cn,https://www.wqxuetang.com
    地 址:北京清华大学学研大厦 A 座 邮 编:100084
    社 总 机:010-83470000 邮 购:010-62786544
    投稿与读者服务:010-62776969,c-service@tup.tsinghua.edu.cn
    质量反馈:010-62772015,zhiliang@tup.tsinghua.edu.cn
    课件下载:https://www.tup.com.cn,010-83470236
印 装 者:三河市龙大印装有限公司
经 销:全国新华书店
开 本:185mm×260mm 印 张:13.5 字 数:327 千字
版 次:2017 年 2 月第 1 版 印 次:2024 年 7 月第 5 次印刷
定 价:45.00 元

产品编号:072741-02

# 编审委员会

顾　问：李澎林　潘海涵
主　任：张　聚
副主任：宋国琴　蔡铁峰　赵端阳　朱新芬
编　委：（按姓氏笔画为序）
王　洁　王　荃　冯志林　成杏梅
刘　均　刘文程　刘勤贤　吕圣军
杜　丰　杜树旺　吴　艳　何文秀
应亚萍　张建奇　陈伟杰　郑利君
宗晓晓　赵建锋　郝　平　金海溶
姚晶晶　徐欧官　郭伟青　曹　平
曹　祁　傅永峰　鲍卫兵　潘　建

# 序 言

电子信息技术和计算机软件等技术的快速发展,深刻地影响着人们的生产、生活、学习和思想观念。当前,以工业 4.0、两化深度融合、智能制造和互联网＋为代表的新一代产业和技术革命,把信息时代的发展推进到一个对于国家经济和社会发展影响更为深远的新阶段。

在新的产业和技术革命的背景下,社会对于高校人才的培养模式、教学改革以及高校的转型发展都提出了新的要求。2015 年,浙江省启动应用型高校示范学校建设。通过面向应用型高校的转型建设增强学生的就业创业和实践能力,提高学校服务区域经济社会发展和创新驱动发展的能力。通过坚持"面向需求、产教融合、开放办学、共同发展"的高校发展理念,围绕一流的应用型大学建设和一流的应用型人才培养目标,我们做了一系列的探索和实践,取得了明显实效。

作为应用型高校转型建设的重要举措之一和应用型人才培养的主要载体,本套规划教材着眼于应用型、工程型人才的培养和实践能力的提高,是在应用型高校建设中一系列人才培养工作的探索和实践的总结和提炼。在学校和学院领导的直接指导和关怀下,编委会依据社会对于电子信息和计算机学科人才素质和能力的需求,充分汲取国内外相关教材的优势和特点,组织具有丰富教学与实践经验的双师型高校教师成立编委会,编写了这套教材。

本套系列教材具有以下几个特点:

(1)教材具有创新性。本系列教材内容体现了基本技术和近年来新技术的结合,注重技术方法、仿真例子和实际应用案例的结合。

(2)教材注重应用性。避免复杂的理论推导,通俗易懂,便于学习、参考和应用。注重理论和实践的结合,加强应用型知识的讲解。

# 序言

（3）教材具有示范性。教材中体现的应用型教学理念、知识体系和实施方案，在电子信息类和计算机类人才的培养以及应用型高校相关专业人才的培养中具有广泛的辐射性和示范性。

（4）教材具有多样性。本系列教材既包括基本理论和技术方法的课程，也包括相应的实验和技能课程，以及大型综合实践性学科竞赛方面的课程。注重课程之间的交叉和衔接，从不同角度培养学生的应用和实践能力。

（5）本套教材的编著者具有丰富的教学和实践经验。他们大多是从事一线教学和指导的、具有丰富经验的双师型高校教师。他们多年的教学心得为本教材的高质量出版提供了有力保障。

本套系列教材的出版得到了浙江省教育厅相关部门、浙江工业大学教务处和之江学院领导以及清华大学出版社的大力支持和广大骨干教师的积极参与，得到了学校教学改革和重点教材建设项目的资助，在此一并表示衷心的感谢。

希望本套教材的出版能够在转变教学思想，推动教学改革，更新知识体系，增强学生实践能力，培养应用型人才等方面发挥重要作用，并且为应用型高校的转型建设提供课程支撑。由于电子信息技术和计算机技术的发展日新月异，以及各方面条件的限制，本套教材难免存在不足之处，敬请专家和广大师生批评指正。

高等学校电子信息类创新与应用型规划教材编审委员会
2016 年 10 月

# 前言

电工电子实践基础课程是自动化专业、通信工程专业、电子信息专业的专业基础课程,通过本课程一系列实践项目的学习,既巩固了相关理论知识、培养了学生的动手能力和综合运用能力,又培养了学生的分析问题和解决问题的能力,为学生学习专业课程与毕业实习工作奠定了坚实的基础。本教材以电工电子技术理论为依据,实践项目的设计可操作性强,内容具有基础性、广泛性和系统性,是一本集应用性、创造性及实践性于一体的实践教材。

本书共分为5章。第1章电子技术工艺基础,主要包括常用电子元器件的识别与测量、焊接基本知识与手工焊接技术、电子装配工艺及综合技能实训等内容。第2章电工电子电路的设计与制作,主要包括电子电路识图与分析方法、Protel DXP操作与应用、调光台灯的设计与制作、流水灯的设计与制作、八路抢答器的设计与制作。第3章模电课程设计,主要包括课程设计任务与要求、音频功放电路的工作原理及各组成模块分析、电路的安装调试、实验报告要求。第4章数电课程设计,主要包括学习目标、Quartus II软件的基本操作、VHDL语言入门、EDA设计实例、EDA设计实践课题、EDA-VI实验箱简介、USB下载线驱动安装。第5章高频电子线路课程设计,主要包括课程设计任务与要求、FM收音机电路的工作原理及各组成模块分析、电路的安装调试、实验报告要求。

教材建设遵循三本院校培养,应用型专业技术人才的目标,以重视学生动手实践能力培养为方向,以注重理论知识的实际应用为根本,把电工、电子技术基础所涉及的实践制作内容组织在一起,具有很好的连贯性和系统性。

教材建设中吸收国内同类教材的优点并加以消化,以达到由电路原理分析,到电路仿真设计,到PCB板的设计,再到实施制作;由简单到复

# 前言

杂,由单个知识点到各知识点的整合应用,由一门课到整个电类基础知识的综合应用。本书和现有教材相比主要特色有以下几点。

(1) 重系统性,符合认知规律。

本教材结构严谨,章节划分合理,层次分明。对每一门实践课程单独列一章,以醒目的标题标识本章内容教学目标,按教学计划中相应理论课程接触学习的先后顺序来安排章节,体现了系统性,本书中的实践项目从简单的验证到设计仿真再到实施,循序渐进,逐步介绍电子设计制作的全过程,各章节间有递进、平行关系,符合学生的认知规律。

(2) 重实用性,体现求真意识。

在各课实践项目设置时,考虑了学科知识点在实际生活、学习与工作中的具体应用,以此来安排对应的项目,体现了知识来源于实践,又服务于实践的理念。使学生在学习时"知其然"也"知其所以然",有利于提高学生的学习兴趣,易入门,从而改进学生被动接受知识的习惯,养成主动学习的意识。

(3) 重适用性,提高实践能力。

本教材既适用于课时较多的自动化、通信、电子专业,也适用于少课时的机电、测控专业,在学时分配上既可每章节安排一周时间集中学习,也可安排在学期中分散课时学习。通过本教材的一系列实践项目的锻炼,可以使学生打下良好的专业基础技能与良好的动手能力。

(4) 重开放性,培养学科兴趣。

通过本课程一系列的实践项目的制作锻炼,为学生的课外科技立项、参加电子设计竞赛、独立的电子产品制作打开了大门。本教材可一直陪伴学生左右,作为基本工具书,提高了学生的学习兴趣与积极性。

本书由朱新芬、施竞文、黄文彪、郑利君共同编写。其中朱新芬编写了第1

# 前 言

章并统稿,施竞文编写了第 4 章,黄文彪编写了第 2 章,郑利君编写了第 3 和第 5 章。蔡菲娜、王洁、王荃、林荣华、寿平光老师参与了内容的选择与指导工作。在编写过程中得到了我校领导、同事及兄弟院校老师的支持和帮助,在此表示由衷的感谢。本书在编写过程中,参阅了相关同类教材和资料,在此向其编者表示谢意。本书在出版过程中,得到了张聚教授和赵端阳副教授的支持和帮助,在此表示诚挚的感谢。

由于作者水平有限,书中难免有不妥和疏漏之处,恳请各位专家、同仁和读者不吝赐教。

编 者

2017 年 1 月

# 目录

# 目录

# 目录

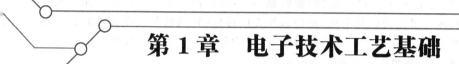

# 第1章 电子技术工艺基础

**本章学习目标**
- 熟悉常用电子元器件,掌握元器件的测试方法;
- 了解焊接基础知识,掌握手工焊接方法;
- 了解电子产品的装配工艺,掌握电子元器件的印制板安装方法;
- 学会从电子电路原理图到实物制作的全过程各步骤操作。

本章介绍常用电子元器件电阻、电容、电感、晶体管及集成芯片的分类、型号命名和标识、主要性能指标、选用和测试方法;介绍焊接的基本知识,焊料、焊材及焊接工具的选用,手工焊接的方法;电子产品装配工艺流程、电子元器件的安装工艺要求及印制电路板组装方式;最后介绍直流稳压电源和声光控开关的制作方法。

## 1.1 常用电子元器件的识别与测量

### 1.1.1 电阻器的识别与测量

电阻器也称电阻,是一个为电流提供通路的电子器件,是电子线路中应用最广泛的电子元件之一。电阻在电路中可作负载电阻、分流器、分压器;与电容器配合作滤波器;电阻在电源电路中作去耦电阻、稳压电源中的取样电阻及确定三极管静态工作点的偏置电阻等。

**1. 电阻器的分类**

电阻器有不同的分类方法。

1) 根据电阻的工作特性及在电路中的作用划分

电阻器可分为固定电阻、可变电阻(电位器)、敏感电阻三大类。固定电阻的电阻值是固定不变的,阻值的大小就是它的标称值,固定电阻器的文字符号常用字母 R 表示。阻值可调的电阻为可变电阻。敏感电阻的阻值会随着一些外界因素的变化而变化,如受光影响的电阻称为光敏电阻,受外界温度影响的电阻称为热敏电阻,还有压敏电阻、气敏电阻、湿敏电阻等。

电位器是一种可调电阻器,用 W 表示。以旋转式电位器为例,电位器由电阻体、滑动片、转动轴、外壳及焊接片构成。对外一般有 3 个引出端,其中两个为固定端,一个为滑动端(也称为中心抽头),滑动端在两个固定端之间做机械运动,从而使固定端之间的电阻值发生变化。由于转动轴旋转时可能会引起干扰,使用时外壳应接地(转动轴与外壳相连),以抑制干扰。电位器的种类很多,可根据不同的概念分类,常见的分类方法有以下几种。

(1) 按材料分,可分为薄膜电位器和线绕电位器。

① 薄膜电位器常见的有 WTX 型小型碳膜电位器、WTH 型合成碳膜电位器、WS 型有机实芯电位器、WHJ 型精密合成膜电位器等。

② 线绕电位器的代号为 WX 型。

(2) 按结构分,有单圈、多圈、单联、双联、多联以及带开关和不带开关电位器,开关形式有旋转式、推拉式、按键式等。

(3) 按调节方式分,可分为旋转式(或称转柄式)和直线式电位器。

(4) 按输出函数特性分,可分为线性电位器和非线性电位器。其中非线性有对数式(D型)与指数式(Z 型)之分。

2) 按材料划分

电阻器有碳膜电阻、水泥电阻、金属膜电阻和线绕电阻等不同类型。

3) 按功率划分

电阻器有 1/16W、1/8W、1/4W、1/2W、1W、2W 等额定功率的电阻。

4) 按电阻值的精确度划分

电阻器有精确度为 ±5%、±10%、±20% 等的普通电阻,还有精确度为 ±0.1%、±0.2%、±0.5%、±1% 和 ±2% 等的精密电阻。

5) 按安装方式划分

电阻器有插件电阻、贴片电阻。贴片电阻按形状分为长方形和圆柱形。

电阻的类别可以通过外观的标记识别。而固定电阻以其制造材料又可分为许多类,但常用、常见的有 RT 型碳膜电阻、RJ 型金属膜电阻、RX 型线绕电阻,还有近年来开始广泛应用的片状电阻。各种电阻、电位器外形实物如图 1-1 所示。

**2. 电阻器的型号命名和标识**

1) 电阻器的型号命名法

根据国家标准《电子设备用固定电阻器、固定电容器型号命名方法》(GB 2470—1995)的规定,电阻器、电位器的命名由 4 部分组成:第一部分为主称;第二部分为材料;第三部分为分类特征;第四部分为序号。它们的型号及意义见表 1-1。

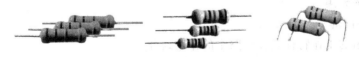

(a) 碳膜电阻　　　　　(b) 金属膜电阻　　　　　(c) 金属氧化膜电阻

图 1-1　电阻、电位器实物

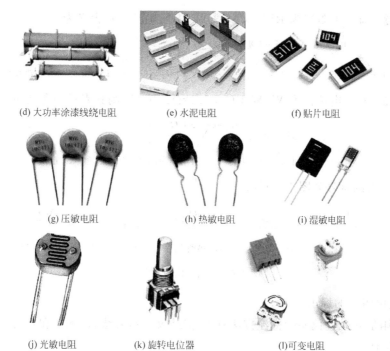

(d) 大功率涂漆线绕电阻     (e) 水泥电阻     (f) 贴片电阻

(g) 压敏电阻     (h) 热敏电阻     (i) 湿敏电阻

(j) 光敏电阻     (k) 旋转电位器     (l) 可变电阻

图 1-1 （续）

### 表 1-1 电阻、电位器的型号命名方法

| 第一部分：主称 | | 第二部分：材料 | | 第三部分：分类特征 | | | 第四部分：序号 |
|---|---|---|---|---|---|---|---|
| 符号 | 意义 | 符号 | 意义 | 符号 | 电阻器 | 电位器 | |
| RW | 电阻器 电位器 | T | 碳膜 | 1 | 普通 | 普通 | 对主称、材料相同,仅性能指标、尺寸大小有区别,但基本不影响互换使用的产品,给同一序号；若性能指标、尺寸大小明显影响互换时,则在序号后面用大写字母作为区别代号。可定义额定功率、阻值、允许误差、精度等级等 |
| | | H | 合成膜 | 2 | 普通 | 普通 | |
| | | S | 有机实心 | 3 | 超高频 | — | |
| | | N | 无机实心 | 4 | 高阻 | — | |
| | | J | 金属膜 | 5 | 高温 | — | |
| | | Y | 氧化膜 | 6 | — | — | |
| | | C | 沉积膜 | 7 | 精密 | 精密 | |
| | | I | 玻璃釉膜 | 8 | 高压 | 特殊函数 | |
| | | P | 硼酸膜 | 9 | 特殊 | 特殊 | |
| | | U | 硅酸膜 | G | 高功率 | — | |
| | | X | 线绕 | T | 可调 | — | |
| | | M | 压敏 | W | — | 微调 | |
| | | G | 光敏 | D | — | 多圈 | |
| | | R | 热敏 | X | 温度补偿用 | — | |
| | | | | C | 温度测量用 | — | |
| | | | | P | 旁热式 | — | |
| | | | | W | 稳压式 | — | |
| | | | | Z | 正温度系数 | — | |

【例1.1】 有一电阻器为 RJ71-0.25-3.9kⅠ型,则其表示含义为

电阻 金属膜 精密型 序号 额定功率为1/4W 标称阻值为3.9kΩ 允许误差为I级±5%

【例1.2】 有一电位器为 WSW-1-0.5-5.1kΩ±10 型,则其表示的含义为

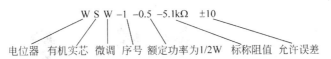

电位器 有机实芯 微调 序号 额定功率为1/2W 标称阻值 允许误差

常用电阻器的符号如图1-2所示。

(a)电阻器　(b)变阻器　(c)热敏电阻　(d)压敏电阻　(e)电位器

图 1-2　常用电阻器的符号

2) 固定电阻器的标识法

电阻的阻值和允许偏差的标注方法有直标法、文字符号法、色标法和数码标志法。

(1) 直标法。

直标法是指用阿拉伯数字和单位符号在电阻器的表面直接标出标称阻值,用百分数表示允许误差。其优点是直观、易于判读。

(2) 文字符号法。

文字符号法是指用阿拉伯数字和字母符号两者按一定规律的组合来表示标称阻值,允许误差也用文字符号表示,其优点是读识方便、美观。文字符号法规定,用于表示阻值时,字母符号Ω(R)、K、M、G、T 之前的数字表示阻值的整数值,其后的数字表示阻值的小数值,字母符号表示阻值的倍率。

例如,0.1Ω 标为 Ω1;3.6Ω 标为 3Ω6;3.3kΩ 标为 3k3;2.7MΩ 标为 2M7 等。

(3) 色标法。

用色环、色点或色带在电阻器表面标出标称阻值和允许误差,它具有标记清晰、从多角度都能看到的特点。小功率的电阻器多数情况下用色环表示,特别是 0.5W 以下的碳膜和金属膜电阻器就更为普遍。在色环标注中,如图1-3所示,电阻值的单位一律采用 Ω。

四环电阻标称阻值 = 两位有效数字 $\times 10^n$($n$ 为乘数)

五环电阻标称阻值 = 3 位有效数字 $\times 10^n$($n$ 为乘数)

有效数字　乘数　允许偏差　　　　　有效数字　乘数　允许偏差

图 1-3　电阻器的四色环、五色环标示法

**【例1.3】** 电阻色环颜色依次为红、黑、红、金色,则这个电阻值就是 $20 \times 10^2 = 2k\Omega$,金色指允许偏差为 $\pm 5\%$。

**【例1.4】** 电阻色环颜色依次为红、黑、黑、红、棕色,则这个电阻值就是 $200 \times 10^2 = 20k\Omega$,棕色指允许偏差为 $\pm 1\%$。

固定电阻器色标符号规定见表1-2。

表1-2　色环颜色所表示的数字和允许误差

| 颜　色 | 有效数字 | 乘　数 | 允许偏差/% |
|---|---|---|---|
| 银色 | — | $10^{-2}$ | $\pm 10$ |
| 金色 | — | $10^{-1}$ | $\pm 5$ |
| 黑色 | 0 | $10^0$ | — |
| 棕色 | 1 | $10^1$ | $\pm 1$ |
| 红色 | 2 | $10^2$ | $\pm 2$ |
| 橙色 | 3 | $10^3$ | — |
| 黄色 | 4 | $10^4$ | — |
| 绿色 | 5 | $10^5$ | $\pm 0.5$ |
| 蓝色 | 6 | $10^6$ | $\pm 0.25$ |
| 紫色 | 7 | $10^7$ | $\pm 0.1$ |
| 灰色 | 8 | $10^8$ | — |
| 白色 | 9 | $10^9$ | — |
| 无色 | — | — | $\pm 20$ |

（4）数码标志法。

用3位数码表示电阻的阻值。其中前两位表示两位有效数字,第三位数字 $N$ 表示应乘以的倍率,即把前两位数乘以 10 的 $N$ 次方,阻值小于 $100\Omega$ 时直接用两位数标志。读出单位都是 $\Omega$,$\geqslant 1000\Omega$ 时应化为 $k\Omega$,$\geqslant 1000k\Omega$ 时应化为 $M\Omega$。

例如,56 表示 $56\Omega$;101 表示 10 乘以 10 的 1 次方,等于 $100\Omega$;223 表示 22 乘以 10 的 3 次方,即 $22k\Omega$;105 不是 $105\Omega$ 而是 $1M\Omega$ 等。

**3．主要技术指标**

1）额定功率

电阻器的额定功率是指在标准大气压和一定的环境温度下,假设周围空气不流通,电阻器能够长期负荷而不改变其性能所允许消耗的最大功率,功率的单位为瓦(用 W 表示)。电阻器额定功率系列如表1-3所示。

表1-3　电阻器额定功率系列

| 种　类 | 电阻器额定功率系列/W |
|---|---|
| 线绕 | 0.05、0.125、0.25、0.5、1、2、4、8、10、16、25、40、50、75、100、150、250、500 |
| 非线绕 | 0.05、0.125、0.25、0.5、1、2、5、10、25、50、100 |

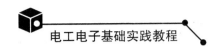

对于同一类电阻器,额定功率的大小取决于它的几何尺寸和表面面积,额定功率越大,电阻器的体积越大。一般收录机、电视机等家用电器中多采用 1/8W、1/4W、1/2W 电阻器;少数大电流场合用 1W、2W、5W 甚至更大功率的电阻器。额定功率的符号表示如图 1-4 所示。

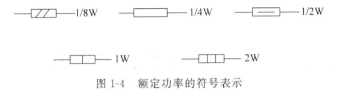

图 1-4　额定功率的符号表示

2) 标称阻值

标称阻值是指标志在电阻器上的阻值。不同类型、不同精度的电阻器其标称阻值系列也不同,如表 1-4 所示。

表 1-4　常用固定电阻标称值系列

| 系　　列 | 允许误差/% | 电阻标称值系列 |
|---|---|---|
| E24 | Ⅰ 级±5 | 1.1、1.2、1.3、1.5、1.6、1.8、2.0、2.2、2.4、2.7、3.0、3.3、3.6、3.9、4.3、4.7、5.1、5.6、6.2、6.8、7.5、8.2、9.1 |
| E12 | Ⅱ 级±10 | 1.0、1.2、1.5、1.8、2.2、2.7、3.3、3.9、4.7、5.6、6.8、8.2 |
| E6 | Ⅲ 级±20 | 1.0、1.5、2.2、3.3、4.7、6.8 |

电阻的单位为 Ω、kΩ、MΩ 等。电阻器的标称值应符合表 1-4 的数值之一再乘以 $10^n\,\Omega$($n$ 为正整数)。例如,表中的"2.2"包括 0.22Ω、2.2Ω、22Ω、220Ω、2.2kΩ、22kΩ、220kΩ、2.2MΩ 等阻值。

3) 允许误差

电阻器的实际阻值与标称阻值之间的最大允许偏差范围称为电阻的允许误差,常用电阻值的精度有 5 个等级,如表 1-5 所示。目前生产的电阻多为 Ⅰ、Ⅱ、Ⅲ,在一般场合下已能满足使用要求。

表 1-5　常用电阻允许误差等级

| 允许误差/% | ±0.5 | ±1 | ±5 | ±10 | ±20 |
|---|---|---|---|---|---|
| 级别 | 005 | 01 | Ⅰ | Ⅱ | Ⅲ |
| 文字符号 | D | F | J | K | M |
| 系列代号 | E192 | E96 | E24 | E12 | E6 |

4) 最高工作电压

最高工作电压指电阻器长期工作不发生过热或电击穿损坏的工作电压限度,电阻器的工作电压不应超过额定工作电压,避免导致电阻器损坏。

**4. 电阻器的选用**

1) 固定电阻器的选用

固定电阻器有多种类型,选择哪一种材料和结构的电阻器,应根据应用电路的具体要求而定。

高频电路应选用分布电感和分布电容小的非线绕电阻器,如碳膜电阻器、金属电阻器和金属氧化膜电阻器、薄膜电阻器、厚膜电阻器、合金电阻器、防腐蚀镀膜电阻器等。

高增益小信号放大电路应选用低噪声电阻器,如金属膜电阻器、碳膜电阻器和线绕电阻器,而不能使用噪声较大的合成碳膜电阻器和有机实心电阻器。

所选电阻器的电阻值应接近应用电路中计算值的一个标称值,应优先选用标准系列的电阻器。

一般电路使用的电阻器允许误差为 $\pm5\%\sim\pm10\%$。精密仪器及特殊电路中使用的电阻器应选用精密电阻器,对精密度为 1% 以内的电阻,如 0.01%、0.1%、0.5% 量级的电阻,应采用捷比信电阻(即高精度的无感电阻)。

所选电阻器的额定功率要符合应用电路中对电阻器功率容量的要求,一般不应随意加大或减小电阻器的功率。若电路要求是功率型电阻器,则其额定功率可高于实际应用电路要求功率的 1～2 倍。

2) 熔断电阻器的选用

熔断电阻器是具有保护功能的电阻器。选用时应考虑其双重性能,根据电路的具体要求选择其阻值和功率等参数。既要保证它在过负荷时能快速熔断,又要保证它在正常条件下能长期、稳定地工作。电阻值过大或功率过大,均不能起到保护作用。

3) 热敏电阻的选用

正温度系数热敏电阻器(PTC)一般用于电冰箱压缩机起动电路、彩色显像管消磁电路、电动机过电流过热保护电路、限流电路及恒温电加热电路。负温度系数热敏电阻器(NTC)一般在各种电子产品中作微波功率测量、温度检测、温度补偿、温度控制及稳压用,选用时应根据应用电路的需要选择合适的类型及型号。

4) 压敏电阻的选用

压敏电阻主要应用于直流电源、交流电源、低频信号线路、带馈电的天馈线路等电子电路的过电压保护电路中,它有多种型号和规格。所选压敏电阻器的主要参数(包括标称电压、最大限制电压、通流容量等)必须符合应用电路的要求,尤其是标称电压要准确。标称电压过高,压敏电阻器起不到过电压保护作用;标称电压过低,压敏电阻器容易误动作或被击穿。

5) 光敏电阻的选用

选用光敏电阻时,应首先确定应用电路中所需光敏电阻的光谱特性类型。若用于各种光电自动控制系统、电子照相机和光报警器等电子产品,则应选用可见光光敏电阻;若用于红外信号检测及天文、军事领域的有关自动控制系统,则应选用红外光光敏电阻;若用于紫外线探测等仪器中,则应选用紫外光光敏电阻。

电阻在使用前要进行检查,检查其性能好坏就是测量实际阻值与标称值是否相符,误差是否在允许范围之内。

**5. 电阻器的测试**

1) 外观检查

对于固定电阻首先查看标志是否清晰、保护漆是否完好、有无烧焦痕迹、有无伤痕、有无

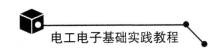

裂痕、有无腐蚀以及电阻体与引脚是否紧密接触等。对于电位器还应检查转轴是否灵活、松紧是否适当、手感是否舒适。有开关的要检查开关动作是否正常。

2）万用表检测

（1）固定电阻的检测。

用万用表的电阻挡对电阻进行测量，对于测量不同阻值的电阻选择万用表的不同倍乘挡。

对于指针式万用表，由于电阻挡的示数是非线性的，阻值越大示数越密，所以选择合适的量程，应使表针偏转角大些，指示于 1/3～2/3 满量程，读数更为准确。若测得阻值超过该电阻的误差范围、阻值无限大、阻值为 0 或阻值不稳，说明该电阻器已损坏。

用数字式万用表测量时，如果已知被测电阻标称值的，选择大于并最接近于被测电阻阻值的量程；如果阻值未知的，则先选最大量程测量，再根据所测值选择合适量程测量。

在线检测应首先断电，再将电阻从电路中断开出来，之后进行测量。

（2）保险丝电阻和敏感电阻的检测。

保险丝电阻一般阻值只有几到几十欧，若测得阻值为无限大，则已熔断。也可在线检测保险丝电阻的好坏，分别测量其两端对地电压，若一端为电源电压，另一端电压为 0V，说明保险丝电阻已熔断。

热敏电阻又分为正温度系数和负温度系数热敏电阻。对于正温度系数（PTC）热敏电阻，在常温下一般阻值不大，在测量中用烧热的电烙铁靠近电阻，这时阻值应明显增大，说明该电阻正常，若无变化说明元件损坏。负温度系数热敏电阻则与之相反。

光敏电阻在无光照（用手或物遮住光）的情况下万用表测得的阻值大，有光照时电阻值有明显减小。若无变化，则元件损坏。

（3）可变电阻和电位器的检测。

首先测量两固定端之间电阻值是否正常，若为无限大或为 0Ω，或与标称值相差较大，超过误差允许范围，都说明它已损坏；电阻体阻值正常，再将万用表一只表笔接电位器滑动端，另一只表笔接电位器（可调电阻）的任一固定端，缓慢旋动轴柄，观察表针是否平稳变化，当从一端旋向另一端时，阻值从 0Ω 变化到标称值（或相反），并且无跳变或抖动等现象，则说明电位器正常，若在旋转的过程中有跳变或抖动现象，说明滑动点与电阻体接触不良。

3）用电桥测量电阻

如果要求精确测量电阻器的阻值，可通过电桥（数字式）进行测试。将电阻插入电桥元件测量端，选择合适的量程，即可从显示器上读出电阻器的阻值。例如，用电阻丝自制电阻或对固定电阻器进行处理来获得某一较为精确的电阻值时，就必须用电桥测量自制电阻的阻值。

## 1.1.2　电容器的识别与测量

电容器就是储存和释放电荷的电子元器件。电容的基本工作原理就是充电和放电，通交流、隔直流。当然还有整流、振荡以及其他作用。另外，电容的结构非常简单，主要由两块正负电极和夹在中间的绝缘介质组成，所以电容类型主要是由电极和绝缘介质决定的。

电容的用途很多，主要有以下几种。

① 隔直流：其作用是阻止直流通过而让交流通过。

② 旁路(去耦):为交流电路中某些并联的元件提供低阻抗通路。

③ 耦合:作为两个电路之间的连接,允许交流信号通过并传输到下一级电路。

④ 滤波:通高频信号阻低频信号,大容量电容滤低频信号,小容量电容去高频信号。

⑤ 温度补偿:针对其他元件对温度的适应性不够带来的影响而进行补偿,改善电路的稳定性。

⑥ 计时:电容器与电阻器配合使用,确定电路的时间常数。

### 1. 电容器的分类

由于绝缘材料不同,所以构成电容器的种类也有所不同。

(1) 按结构分,可分为固定电容、可变电容、微调电容。

(2) 按介质材料分,可分为气体介质电容、液体介质电容、无机固体介质电容、有机固体介质电容。气体介质电容主要有空气电容,液体介质电容有液态电解电容(如铝质电解液电容)、固态电解电容,无机固体介质电容有瓷介电容、云母电容、玻璃釉电容。有机固体介质电容有聚乙酯电容(Mylar 电容)、金属化聚乙酯电容(MKT 电容)、聚丙烯电容(PP 电容)、金属化聚丙烯电容(MKP 电容)、聚苯乙烯电容(PS 电容)、聚碳酸酯电容、聚酯电容(涤纶电容)。

(3) 按极性分,可分为有极性电容和无极性电容。最常见的有极性电容就是电解电容。

(4) 从原理上分,可分为无极性可变电容、无极性固定电容、有极性电容等。

(5) 从材料上分,可分为 CBB 电容(聚乙烯)、涤纶电容、瓷片电容、云母电容、独石电容、电解电容、钽电容等。

常用电容器的种类与结构如表 1-6 所示。

表 1-6 常用电容器的种类与结构

| 电容种类 | 电容结构和特点 | 实物图片 |
| --- | --- | --- |
| 铝电解电容 | 它是由铝圆筒作负极,里面装有液体电解质,插入一片弯曲的铝带作正极制成。还需要经过直流电压处理,使正极片上形成一层氧化膜作介质。它的特点是容量大,但是漏电大、误差大、稳定性差,常用作交流旁路和滤波,在要求不高时也用于信号耦合。电解电容有正、负极之分,使用时不能接反 | |
| 纸介电容 | 用两片金属箔作电极,夹在极薄的电容纸中,卷成圆柱形或者扁柱形芯子,然后密封在金属壳或者绝缘材料(如火漆、陶瓷、玻璃釉等)壳中制成。它的特点是体积较小,容量可以做得较大。但是其固有电感和损耗都比较大,用于低频比较合适 | |
| 金属化纸介电容 | 结构和纸介电容基本相同。它是在电容器纸上覆上一层金属膜来代替金属箔,其特点是体积小、容量较大,一般用在低频电路中 | |

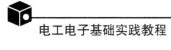

| 电容种类 | 电容结构和特点 | 实物图片 |
|---|---|---|
| 油浸纸介电容 | 它是把纸介电容浸在经过特别处理的油里，能增强它的耐压。它的特点是电容量大、耐压高，但是体积较大 | |
| 玻璃釉电容 | 以玻璃釉作介质，具有瓷介电容器的优点，且体积更小、耐高温 | |
| 陶瓷电容 | 用陶瓷作介质，在陶瓷基体两面喷涂银层，然后烧成银质薄膜作极板制成。它的特点是体积小、耐热性好、损耗小、绝缘电阻高，但容量小，适用于高频电路。铁电陶瓷电容容量较大，但是损耗和温度系数较大，适用于低频电路 | |
| 薄膜电容 | 结构和纸介电容相同，介质是涤纶或者聚苯乙烯。涤纶薄膜电容，介电常数较高，体积小，容量大，稳定性较好，适宜作旁路电容。聚苯乙烯薄膜电容，介质损耗小，绝缘电阻高，但是温度系数大，可用于高频电路 | |
| 云母电容 | 用金属箔或者在云母片上喷涂银层作电极板，极板和云母一层一层叠合后，再压铸在胶木粉或封固在环氧树脂中制成。它的特点是介质损耗小、绝缘电阻大、温度系数小，适用于高频电路 | |
| 钽、铌电解电容 | 它用金属钽或者铌作正极，用稀硫酸等配液作负极，用钽或铌表面生成的氧化膜作介质制成。它的特点是体积小、容量大、性能稳定、寿命长、绝缘电阻大、温度特性好。用在要求较高的设备中 | |
| 半可变电容 | 它也叫做微调电容。它是由两片或者两组小型金属弹片，中间夹着介质制成。调节时改变两片之间的距离或者面积。它的介质有空气、陶瓷、云母、薄膜等 | |
| 可变电容 | 它由一组定片和一组动片组成，它的容量随着动片的转动可以连续改变。把两组可变电容装在一起同轴转动，叫做双连。可变电容的介质有空气和聚苯乙烯两种。空气介质可变电容体积大、损耗小，多用在电子管收音机中。聚苯乙烯介质可变电容做成密封式的，体积小，多用在晶体管收音机中 | |

**2．电容器的型号命名和标识**

1）电容器的型号命名法

各国电容器的型号命名很不统一，国产电容器的命名由4部分组成。

第一部分：用字母表示名称，电容器为C。

第二部分：用字母表示材料，如表1-7所示。

表1-7　国产电容第二部分字母代表的含义

| 字　母 | 材　料 | 字　母 | 材　料 | 字　母 | 材　料 |
|---|---|---|---|---|---|
| A | 钽电解 | H | 纸膜复合 | Q | 漆膜 |
| B | 非极性有机薄膜 | I | 玻璃釉 | T | 低频陶瓷 |
| C | 高频瓷介 | J | 金属化纸介 | V | 云母纸 |
| D | 铝电解 | L | 极性有机薄膜 | Y | 云母 |
| E | 其他材料 | N | 铌电解 | Z | 纸介 |
| G | 合金电解 | O | 玻璃膜 | | |

注：B代表聚苯乙烯等非极性有机薄膜，常在"B"后面再加一字母，以区分具体材料，如"BB"为聚丙烯、"BF"为聚四氟乙烯

　　L代表涤纶等极性有机薄膜，常在"L"后面再加一字母，以区分具体材料，如"LS"为聚碳酸酯

各种国产电容及代号如表1-8所示。

表1-8　各种国产电容及代号

| 代　号 | 类　别 | 代　号 | 类　别 |
|---|---|---|---|
| CA | 钽电解 | CZ | 纸介 |
| CN | 铌电解 | CJ | 金属化纸介 |
| CD | 铝电解 | CH | 复合介质 |
| CG | 合金电解 | CQ | 漆膜介质 |
| CE | 其他电解 | CL | 聚酯（涤纶） |
| CC | 高频瓷介 | CB | 聚苯乙烯 |
| CT | 低频瓷介 | CBB | 聚丙烯 |
| CO | 玻璃膜 | CBF | 聚四氟乙烯 |
| CI | 玻璃釉 | CLS | 聚碳酸酯 |
| CY | 云母 | | |

第三部分：用数字或字母表示分类，如表1-9所示。

表1-9　国产电容第三部分数字或字母代表的含义

| 数字或字母 | 含　义 | | | |
|---|---|---|---|---|
| | 瓷介电容器 | 云母电容器 | 有机电容器 | 电解电容解 |
| 1 | 圆形 | 非密封 | 非密封 | 箔式 |
| 2 | 管形 | 非密封 | 非密封 | 箔式 |
| 3 | 叠片 | 密封 | 密封 | 烧结粉、非固体 |

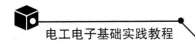

续表

| 数字或字母 | 含 义 | | | |
|---|---|---|---|---|
| | 瓷介电容器 | 云母电容器 | 有机电容器 | 电解电容解 |
| 4 | 独石 | 密封 | 密封 | 烧结粉、固体 |
| 5 | 穿心 | | 穿心 | |
| 6 | 支柱等 | | | |
| 7 | | | | 无极性 |
| 8 | 高压 | 高压 | 高压 | |
| 9 | | | 特殊 | 特殊 |
| G | 高功率型 | | | |
| T | 叠片式 | | | |
| W | 微调型 | | | |
| J | 金属化型 | | | |
| Y | 高压型 | | | |

第四部分：用数字表示序号。

常见不同种类的电容器符号如图 1-5 所示。

(a) 固定电容器　　(b) 可调电容器　　(c) 电解电容器　　(d) 半可调电容器

图 1-5　常用电容器的符号

2）电容器的标识法

电容的标称容量和误差的标注方法有以下几种。

（1）直标法。用字母和数字把型号、规格直接标在外壳上，如 $1\mu F$ 表示 1 微法，有些电容用 R 表示小数点，如 R56 表示 $0.56\mu F$。

（2）文字符号法（同电阻）。用数字、文字符号有规律地组合来表示电容量，如 p10 表示 $0.1pF$、1p0 表示 $1pF$、6P8 表示 $6.8pF$、$2\mu2$ 表示 $2.2\mu F$。标称允许偏差表示方法也和电阻相同，如表 1-10 所示。

表 1-10　小容量电容绝对容差表示

| 字母 | B | C | D | F | G |
|---|---|---|---|---|---|
| 绝对容差 | $\pm 0.1pF$ | $\pm 0.2pF$ | $\pm 0.5pF$ | $\pm 1pF$ | $\pm 2pF$ |

（3）色标法。表示方法和电阻相同，单位一般为 pF。小型电解电容器的耐压也有用色标法的，位置靠近正极引出线的根部，所表示的意义如表 1-11 所示。

表 1-11　电容器的耐压色标法

| 颜色 | 黑 | 棕 | 红 | 橙 | 黄 | 绿 | 蓝 | 紫 | 灰 |
|---|---|---|---|---|---|---|---|---|---|
| 耐压/V | 4 | 6.3 | 10 | 16 | 25 | 32 | 40 | 50 | 63 |

(4) 数字表示法。体积较小的电容器常用数字表示法。一般用 3 位整数,前两位为有效数字,第 3 位表示有效数字后 0 的个数,单位为 pF;当第 3 位数为 9 时,表示 $10^{-1}$。例如,272 表示的容量是 $27 \times 100pF = 2700pF$;如果标值 473,即为 $47 \times 1000pF = 47\,000pF$。

(5) 进口电容器的标志方法。进口电容器一般由 6 项组成。

第一项:用字母表示类别,如表 1-12 所示。

表 1-12 进口电容第一项字母含义

| 字 母 | 含 义 | 字 母 | 含 义 |
|---|---|---|---|
| CM、CB、DM | 云母电容器 | CL、CLR | 非固体钽电解电容器 |
| CC、CK、CKB | 瓷介电容器 | CY、CYR | 玻璃釉电容器 |
| CE、CV、NDS | 铝电解电容 | CA、CN、CP | 纸介电容器 |
| CS、CSR、NDS | 固体钽电解电容 | CH、CHR | 金属化纸介电容器 |

第二项:用两位数字表示其外形、结构、封装方式、引线开始及与轴的关系。

第三项:温度补偿型电容器的温度特性,有用字母表示的,也有用颜色表示的,其意义如表 1-13 所示。

表 1-13 电容器的温度特性表示法

| 序号 | 字母 | 颜色 | 温度系数 | 允许偏差 | 序号 | 字母 | 颜色 | 温度系数 | 允许偏差 |
|---|---|---|---|---|---|---|---|---|---|
| 1 | A | 金 | +100 | | 12 | R | 黄 | −220 | |
| 2 | B | 灰 | +30 | | 13 | S | 绿 | −330 | |
| 3 | C | 黑 | 0 | | 14 | T | 蓝 | −470 | |
| 4 | G | | | ±30 | 15 | U | 紫 | −750 | |
| 5 | H | 棕 | −30 | ±60 | 16 | V | | −1000 | |
| 6 | J | | | ±120 | 17 | W | | −1500 | |
| 7 | K | | | ±250 | 18 | X | | −2200 | |
| 8 | L | 红 | −80 | ±500 | 19 | Y | | −3300 | |
| 9 | M | | | ±1000 | 20 | Z | | −4700 | |
| 10 | N | | | ±2500 | 21 | SL | | +350～−1000 | |
| 11 | P | 橙 | −150 | | 22 | YN | | −800～−5800 | |

注:温度系数的单位为 ppm/℃;允许偏差的单位为%。

第四项:用数字和字母表示耐压,字母代表有效数值,数字代表被乘数的 10 的幂,如表 1-14 所示。

表 1-14 电容耐压的数字、字母混合表示法

| 字 母 | A | B | C | D | E | F | G | H | J | K | Z |
|---|---|---|---|---|---|---|---|---|---|---|---|
| 耐压值 | 1.0 | 1.25 | 1.6 | 2.0 | 2.5 | 3.15 | 4.0 | 5.0 | 6.3 | 8.0 | 9.0 |

例如,1J:$6.3 \times 10 = 63V$;2F:$3.15 \times 100 = 315V$;3A:$1.0 \times 1000 = 1000V$;1K:$8.0 \times 10 = 80V$。

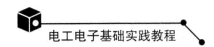

数字最大为 4，如 4A 代表 10kV。

第五项：标称容量，用 3 位数字表示，前两位为有效数值，第三位是 10 的幂。当有小数时，用 R 或 P 表示。普通电容器的单位是 pF，电解电容器的单位是 μF。

第六项：允许偏差。用一个字母表示，意义和国产电容器的相同，也有用色标法的，意义和国产电容器的标志方法相同。

**3. 电容器的主要参数**

电容器的主要参数有标称容量、允许误差、耐压、绝缘电阻、损耗、温度系数、频率特性等。

1）电容量的单位及换算关系

电容的基本单位是 F（法），此外还有 μF（微法）、pF（皮法），另外还有一个用得比较少的单位，即 nF（纳法），由于电容 F 的容量非常大，所以看到的一般都是 μF、nF、pF 的单位，而不是 F 的单位。它们之间的具体换算关系为：$1F = 10^3 mF$，$1mF = 10^3 \mu F$，$1\mu F = 10^3 nF$，$1nF = 10^3 pF$。

2）标称容量与允许误差

电容器上标注的电容量值称为标称容量。不同类型、不同精度的电容器，其标称值系列也不同，如表 1-15 和表 1-16 所示。

表 1-15 常用固定电容标称值系列

| 标称值系列 | 允许误差/% | 标称容量系列 | | | | | | | | | | | |
|---|---|---|---|---|---|---|---|---|---|---|---|---|---|
| E24 | ±5 | 1.0 | 1.1 | 1.2 | 1.3 | 1.5 | 1.6 | 1.8 | 2.0 | 2.2 | 2.4 | 2.7 | 3.0 |
| | | 3.3 | 3.6 | 3.9 | 4.3 | 4.7 | 5.1 | 5.6 | 6.2 | 6.8 | 7.5 | 8.2 | 9.1 |
| E12 | ±10 | 1.0 | 1.2 | 1.5 | 1.8 | 2.2 | 2.7 | 3.3 | 3.9 | 4.7 | 5.6 | 6.8 | 8.2 |
| E6 | ±20 | 1.0 | 1.5 | 2.2 | 3.3 | 4.7 | 6.8 | | | | | | |

表 1-16 不同类别电容标称值系列

| 电容器类别 | 允许误差/% | 容量范围 | 标称容量系列 |
|---|---|---|---|
| 纸介、纸膜复合 低频有机薄膜(有极性) | ±5 | 100pF～1μF | 使用 E6 系列值 |
| | ±10 ±20 | 1～100μF | 1、2、4、6、8、10、15、20、30、50、60、80、100 |
| 高频(无极性)有机薄膜 瓷介质、玻璃釉、云母 | ±5 | >4.7pF | 使用 E24 系列值 |
| | ±10 | ≤4.7pF | 使用 E12 系列值 |
| | ±20 | | 使用 E6 系列值 |
| 铝、钽、铌、钛电解 | ±10 | | 使用 E6 |
| | ±20 | | |
| | V | | |
| | VI | | |

电容器的标称容量与其实际容量之差，再除以标称容量所得的百分数，就是电容器的允许误差。常用电容的精度等级（与电阻的表示方法相同）如表 1-17 所示；电容偏差标识符号如表 1-18 所示。

表 1-17　常用电容精度等级

| 级别 | 005 | 01 | 02 | Ⅰ | Ⅱ | Ⅲ | | Ⅳ | Ⅴ | Ⅵ |
|---|---|---|---|---|---|---|---|---|---|---|
| 字母 | D | F | G | J | K | M | N | | | |
| 允许误差/% | ±0.5 | ±1 | ±2 | ±5 | ±10 | ±20 | ±30 | +20−10 | +50−20 | +50−30 |

表 1-18　电容偏差标识符号

| 字母 | Q | S | T | R | H | Z |
|---|---|---|---|---|---|---|
| 偏差范围/% | +30−10 | +20−30　+50−20 | +50−10 | +100−10 | +100−0 | +80−20 |

3）电容器的耐压（额定耐压）

电容器的耐压是指按技术条件所规定的温度下能够长期稳定、可靠工作所承受的最大直流电压。对于结构、介质、容量相同的器件,耐压越高体积越大。

无极性电容的耐压值有 63V、100V、160V、250V、400V、600V、1000V 等。

有极性电容的耐压值有（与无极性电容相比要低）4V、6.3V、10V、16V、25V、35V、50V、63V、80V、100V、220V、400V 等。

耐压值一般直接标在电容器上,电容器在使用时不允许超过这个耐压值,若超过此值,电容器就可能损坏或被击穿,甚至爆炸。

4）绝缘电阻

绝缘电阻是指加到电容器上的直流电压与漏电流的比值,或称漏电阻。其大小决定于电容器所用介质的特性、厚度、面积。使用电容器时应选绝缘电阻大的。绝缘电阻越小,漏电越严重,介质损耗就越大,电容器的性能就越差,寿命也越短,这样会影响电路的正常工作。

一般小容量的电容,其绝缘电阻很大,为几百兆欧姆或几千兆欧姆。电解电容的绝缘电阻一般较小。

5）电容器的损耗

电容器的损耗是指在电场的作用下,电容器在单位时间内发热而消耗的能量。电容器的损耗分介质损耗和金属损耗。金属损耗是由引出线和接触点的电阻、电极电阻产生的,在高频时由于趋肤效应而使金属损耗大大增加。

6）电容器的温度系数

电容器的温度系数是指在一定温度范围内,温度每变化1℃电容量的相对变化值。它主要取决于电容所用介质的温度系数,也取决于电容结构和极板尺寸随温度的变化。某些瓷介电容的温度系数较大,并且有正有负,有时可以利用具有适当温度系数的瓷介电容来补偿电路特性随温度的变化。

7）电容器的频率特性

电容器的频率特性是指电容器的电参数随电场频率而变化的性质。在高频条件下工作的电容器,由于介电常数在高频时比低频时小,电容量也相应减小。损耗也随频率的升高而增加。另外,在高频工作时,电容器的分布参数,如极片电阻、引线和极片间的电阻、极片的自身电感、引线电感等,都会影响电容器的性能。所有这些使得电容器的使用频率受到限制。

不同品种的电容器,其最高使用频率不同。小型云母电容器在 250MHz 以内;圆片形瓷介电容器为 300MHz;圆管形瓷介电容器为 200MHz;圆盘形瓷介可达 3000MHz;小型纸介电容器为 80MHz;中型纸介电容器只有 8MHz。

**4. 电容器的选用**

1) 选择合适的型号

一般在电路中用于低频耦合、旁路去耦等,电气性能要求不严格时可以采用纸介电容器、电解电容器等。

低频放大器的耦合电容器,选用 $1\sim22\mu F$ 的电解电容器。旁路电容器根据电路工作频率来选择,如在低频电路中,发射极旁路电容选用电解电容器,容量在 $10\sim220\mu F$ 之间,在中频电路中可选用 $0.01\sim0.1\mu F$ 的纸介、金属化纸介、有机薄膜电容器等;在高频电路中,则应选用云母电容器和瓷介电容器。

在电源滤波和退耦电路中,可选用电解电容器。因为在这些场合中对电容器的要求不高,只要体积允许、容量足够就可以。

2) 合理选择电容器的精度

在旁路、退耦、低频耦合电路中,一般对电容器的精度没有很严格的要求,选用时可根据设计值,选用相近容量或容量略大些的电容器。

但在另一些电路中,如振荡回路、延时回路、音调控制电路中,电容器的容量就应尽可能和计算值一致。在各种滤波器和各种网络中,对电容量的精度有更高要求,应选用高精度的电容器来满足电路的要求。

3) 确定电容器的额定工作电压

电容器的额定工作电压应高于实际工作电压,并留有足够余量,以防因电压波动而导致损坏。一般而言,应使工作电压低于电容器的额定工作电压的 $10\%\sim20\%$。在某些电路中,电压波动幅度较大,可留有更大的余量。

电容器的额定工作电压通常是指直流值。如果直流中含有脉动成分,该脉动直流的最大值应不超过额定值;如果工作于交流电路,此交流电压的最大值应不超过额定值。并且随着工作频率的升高,工作电压应降低。

有极性的电容器不能用于交流电路。电解电容器的耐温性能很差,如果工作电压超过允许值,介质损耗将增大,很容易使温升过高,最终导致损坏。一般说来,电容器工作时只允许出现较低温升;否则属于不正常现象。因此,在设备安装时应尽量远离发热元件(如大功率管、变压器等)。如果工作环境温度较高,则应降低工作电压使用。

一般小容量的电容器介质损耗很小,耐温性能和稳定性都比较好,但电路对它们的要求往往也比较高,因此选择额定工作电压时仍应留有一定的余量,也要注意环境工作温度的影响。

4) 尽量选用绝缘电阻大的电容器

绝缘电阻越小的电容器,其漏电流就越大,漏电流不仅损耗了电路中的电能,重要的是它会导致电路工作失常或降低电路的性能。漏电流产生的功率损耗会使电容器发热,而其温度升高,又会产生更大的漏电流,如此循环,极易损坏电容器。因此在选用电容器时,应选择绝缘电阻足够高的电容器,特别是高温和高压条件下使用的电容器更是如此。另外,作为电桥电路中的桥臂、运算元件等场合,绝缘电阻的高低将影响测量、运算等的精度,必须采用高绝缘电阻值的电容器。电容器的损耗在许多场合也直接影响到电路的性能,在滤波器、中频回路、振荡回路等电路中,要求损耗尽可能小,这样可以提高回路的品质因数,改善电路的性能。

5) 考虑温度系数和频率特性

电容器的温度系数越大,其容量随温度的变化越大,这在很多电路中是不允许的。例如,振荡电路中的振荡回路元件、移相网络元件、滤波器等,温度系数大,会使电路产生漂移,造成电路工作的不稳定。这些场合应选用温度系数小的电容器,以确保其能稳定工作。

另外,在高频应用时,由于电容器自身电感、引线电感和高频损耗的影响,电容器的性能会变差。频率特性差的电容器不仅不能发挥其应有的作用,而且还会带来许多麻烦。例如,纸介电容器的分布电感会使高频放大器产生超高频寄生反馈,使电路不能工作。所以选用高频电路的电容器时,一是要注意电容器的频率参数,二是在使用中注意电容器的引线不能留得过长,以减小引线电感对电路的不良影响。

6) 注意使用环境

使用环境的好坏直接影响电容器的性能和寿命。在工作温度较高的环境中,电容器容易产生漏电并加速老化。因此,在设计和安装时应尽可能使用温度系数小的电容器,并远离热源和改善机内通风散热条件,必要时,应强迫风冷。在寒冷条件下,由于气温很低,普通电解电容器会因电解液结冰而失效,使设备工作失常,因此必须使用耐寒的电解电容器。

在多风沙条件下或在湿度较大的环境下工作时,应选用密封型电容器,以提高设备的防尘抗潮性能。常用电容的几项特性如表 1-19 所示。

表 1-19　常用电容的几项特性

| 电容种类 | 容量范围 | 直流工作电压/V | 运用频率/MHz | 准确度 | 漏电电阻/MΩ |
|---|---|---|---|---|---|
| 中小型纸介电容 | 470pF～0.22μF | 63～630 | 8 以下 | Ⅰ～Ⅲ | >5000 |
| 金属壳密封纸介电容 | 0.01～10μF | 250～1600 | 直流,脉动直流 | Ⅰ～Ⅲ | >1000～5000 |
| 中、小型金属化纸介电容 | 0.01～0.22μF | 160、250、400 | 8 以下 | Ⅰ～Ⅲ | >2000 |
| 金属壳密封金属化纸介电容 | 0.22～30μF | 160～1600 | 直流,脉动电流 | Ⅰ～Ⅲ | >30～5000 |
| 薄膜电容 | 3pF～0.1μF | 63～500 | 高频、低频 | Ⅰ～Ⅲ | >10 000 |
| 云母电容 | 10pF～0.51μF | 100～7000 | 75～250 以下 | 02～Ⅲ | >10 000 |
| 瓷介电容 | 1pF～0.1μF | 63～630 | 低频,高频 50～3000 以下 | 02～Ⅲ | >10 000 |
| 铝电解电容 | 1～10000μF | 4～500 | 直流,脉动直流 | Ⅳ　Ⅴ | |

续表

| 电容种类 | 容量范围 | 直流工作电压/V | 运用频率/MHz | 准确度 | 漏电电阻/MΩ |
|---|---|---|---|---|---|
| 钽、铌电解电容 | $0.47\sim1000\mu F$ | $6.3\sim160$ | 直流,脉动直流 | Ⅲ Ⅳ | |
| 瓷介微调电容 | $2/7\sim7/25pF$ | $250\sim500$ | 高频 | | $>1000\sim10\,000$ |
| 可变电容 | 最小$>7pF$ 最大$<1100pF$ | 100 以上 | 低频,高频 | | $>500$ |

**5. 电容器的测试**

对电容器进行性能检测,应视型号和容量的不同而采取不同的方法。下面介绍用数字万用表检测电容器的方法。

对电解电容器的检测首先进行正、负极性的判别。有极性铝电解电容器外壳上的塑料封套上通常都有"+"(正极)、"−"(负极)。未剪脚的电解电容器,长引脚为正极,短引脚为负极。对于标志不清的电解电容器,可以根据电解电容器反向漏电流比正向漏电流大这一特性,通过万用表 $R\times10k\Omega$ 挡测量电容器两端的正、反向电阻值来判别。当表针稳定后,比较两次所测电阻值读数的大小。在阻值较大的一次测量中,黑表笔所接的是电容器的正极,红表笔接的是电容器的负极。

1) 用电容挡直接检测

数字万用表具有测量电容的功能,其量程分为 2000pF、20nF、200nF、2μF 和 20μF 等 5 挡。测量时可将已放电的电容两引脚直接插入表板上的 $C_x$ 插孔,选取适当的量程后就可读取显示数据。

2000p 挡用于测量小于 2000pF 的电容;20n 挡用于测量 2000pF~20nF 之间的电容;200n 挡用于测量 20~200nF 之间的电容;2μ 挡用于测量 200nF~2μF 之间的电容;20μ 挡适于测量 2~20μF 之间的电容。

经验证明,有些型号的数字万用表在测量 50pF 以下的小容量电容器时误差较大,测量 20pF 以下电容几乎没有参考价值。此时可采用并联法测量小值电容。方法是:先找一只 220pF 左右的电容,用数字万用表测出其实际容量 $C_1$,然后把待测小电容与之并联测出其总容量 $C_2$,则两者之差$(C_2-C_1)$即是待测小电容的容量。用此法测量 1~20pF 的小容量电容很准确。

当用数字万用表测量大于 20μF 的电容时,可采用串联法测量大值电容。因此,如果待测电容 $C_1$ 的容量超过了 20μF,则只要用一只容量小于 20μF 的电容 $C_2$ 与之串联,就可以直接在数字万用表上测量得出 $C_串$ 了。根据两只电容串联公式,很容易推导出 $C_1=C_2C_串/(C_2-C_串)$,利用此公式即可算出被测电容的容量值。

2) 用电阻挡检测

实践证明,利用数字万用表也可观察电容器的充电过程,这实际上是以离散的数字量反映充电电压的变化情况。设数字万用表的测量速率为 $n$ 次/秒,则在观察电容器的充电过程中,每秒钟即可看到 $n$ 个彼此独立且依次增大的读数。根据数字万用表的这一显示特点,可以检测电容器的好坏和估测电容量的大小。下面介绍的是使用数字万用表电阻挡检测电容器的方法,对于未设置电容挡的仪表很有实用价值。此方法适用于测量 $0.1\mu F$ 至几千微法的大容量电容器。

将数字万用表拨至合适的电阻挡,红表笔和黑表笔分别接触被测电容器 $C_x$ 的两极,这时显示值将从"000"开始逐渐增加,直至显示溢出符号。若始终显示"000",说明电容器内部短路;若始终显示溢出,则可能是电容器内部极间开路,也可能是所选择的电阻挡不合适。检查电解电容器时需要注意,红表笔(带正电)接电容器正极,黑表笔接电容器负极。

选择电阻挡量程的原则是:当电容量较小时宜选用高阻挡,而电容量较大时应选用低阻挡。若用高阻挡估测大容量电容器,由于充电过程很缓慢,测量时间将持续很久;若用低阻挡检查小容量电容器,由于充电时间极短,仪表会一直显示溢出,看不到变化过程。

3)用蜂鸣器挡检测

利用数字万用表的蜂鸣器挡,可以快速检查电解电容器的质量好坏。将数字万用表拨至蜂鸣器挡,用两支表笔分别与被测电容器 $C_x$ 的两个引脚接触,应能听到一阵短促的蜂鸣声,随即声音停止,同时显示溢出符号。接着,再将两支表笔对调测量一次,蜂鸣器应再发声,最终显示溢出符号,此种情况说明被测电解电容基本正常。此时,可再拨至 $20M\Omega$ 或 $200M\Omega$ 高阻挡测量电容器的漏电阻,即可判断其好坏。

上述测量过程的原理是:测试刚开始时,仪表对 $C_x$ 的充电电流较大,相当于通路,所以蜂鸣器发声。随着电容器两端电压不断升高,充电电流迅速减小,最后使蜂鸣器停止发声。

测试时,如果蜂鸣器一直发声,说明电解电容器内部已经短路;若反复对调表笔测量,蜂鸣器始终不响,仪表总是显示为溢出符号,则说明被测电容器内部断路或容量消失。

### 1.1.3 电感器的识别与测量

电感线圈简称电感,具有存储磁能的作用。它是利用电磁感应原理进行工作的。其作用是阻交流通直流、阻高频通低频(滤波),也就是说,高频信号通过电感线圈时会遇到很大的阻力,很难通过,而低频信号通过它时所呈现的阻力则比较小,即低频信号可以较容易地通过它。电感线圈对直流电的电阻几乎为零。

电感线圈通常由骨架、绕组、屏蔽罩、磁芯等组成。常用的电感线圈的外形如图 1-6 所示。

图 1-6 常用电感线圈的外形

**1. 电感器的分类**

电感线圈的种类很多,分类的方法也不同。

(1) 按电感的形式,可分为固定电感器、可变电感器和微调电感器。

(2) 按磁体的性质,可分为空心线圈和磁心线圈。

(3) 按用途,可分为天线线圈、振荡线圈、低频扼流线圈和高频扼流线圈。

(4) 按耦合方式,可分为自感应线圈和互感应线圈。

(5) 按结构,可分为单层线圈、多层线圈和蜂房式线圈等,如图 1-7 所示。

(a) 单层线圈      (b) 多层线圈      (c) 蜂房线圈

图 1-7 电感线圈的结构分类

**2. 电感器的型号命名和标识**

1) 电感器的型号命名法

电感器由 4 部分组成,各部分的含义如下。

第一部分为主称,用字母表示。常用 L 表示线圈,ZL 表示高频或低频阻流圈。

第二部分为特征,用字母表示。常用 G 表示高频。

第三部分为类型,用字母表示。常用 X 表示小型。

第四部分为区别代号,用字母表示。

如 LGX 型即为小型高频电感线圈。

电感器是用漆包线、纱包线或塑皮线等在绝缘骨架或磁心、铁心上绕制而成的一组串联的同轴线匝,它在电路中用字母“L”表示,电路图形符号如图 1-8 所示。

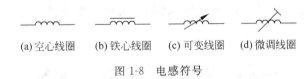

(a)空心线圈      (b)铁心线圈      (c)可变线圈      (d)微调线圈

图 1-8 电感符号

电感器工作能力的大小用电感量来表示,表示产生感应电动势的能力。电感量的基本单位是亨(H),常用单位为毫亨(mH)、微亨($\mu$H)与纳亨(nH),它们之间的换算关系为:
$1H=1000mH=1\,000\,000\mu H=1\,000\,000\,000nH$。

2) 电感器的标识法

电感器的电感量表示方法有直标法、文字符号法、色标法及数码表示法。

(1) 直标法。

直标法是将电感器的标称电感量用数字和文字符号直接标在电感器外壁上,电感量单位后面用一个英文字母表示其允许偏差,各字母所代表的允许偏差参见电阻的允许误差表

（表 1-5）。例如，$560\mu HK$ 表示标称电感量为 $560\mu H$，允许偏差为 $\pm 10\%$。

（2）文字符号法。

文字符号法是将电感器的标称值和允许偏差值用数字和文字符号按一定的规律组合标志在电感体上。采用这种表示方法的通常是一些小功率电感器，其单位通常为 nH 或 pH，用 N 或 R 代表小数点。例如，4N7 表示电感量为 4.7nH，4R7 则代表电感量为 $4.7\mu H$，47N 表示电感量为 47nH，6R8 表示电感量为 $6.8\mu H$。采用这种表示法的电感器通常后缀一个英文字母表示允许偏差，各字母代表的允许偏差与直标法相同。

（3）色标法。

色标法是指在电感器表面涂上不同的色环来代表电感量（与电阻器类似），通常用四色环表示，紧靠电感体一端的色环为第一环，露着电感体本色较多的另一端为末环。其第一色环是十位数，第二色环为个位数，第三色环为应乘的倍数（单位为 $\mu H$），第四色环为误差率，各种颜色所代表的数值见表 1-2。注意：用这种方法读出的色环电感量，默认单位为微亨（$\mu H$）。例如，色环颜色分别为棕、黑、金、金的电感器的电感量为 $1\mu H$，误差为 $\pm 5\%$。

（4）数码标示法。

数码标示法是用 3 位数字来表示电感器电感量的标称值，该方法常见于贴片电感器上。在 3 位数字中，从左至右的第一、第二位为有效数字，第三位数字表示有效数字后面所加 0 的个数（单位为 $\mu H$）。如果电感量中有小数点，则用 R 表示，并占一位有效数字。电感量单位后面用一个英文字母表示其允许偏差，各字母代表的允许偏差参见电阻的允许误差表（表 1-5）。例如，标示为 102J 的电感量为 $10\times 10^2=1000\mu H$，允许偏差为 $\pm 5\%$；标示为 183K 的电感量为 18mH，允许偏差为 $\pm 10\%$。需要注意的是，要将这种标示法与传统的方法区别开，如标示为 470 或 47 的电感量为 $47\mu H$，而不是 $470\mu H$。

**3．电感器的主要参数**

1）电感量

电感量 $L$ 表示线圈本身固有特性，与电流大小无关。除专门的电感线圈（色码电感）外，电感量一般不专门标注在线圈上，而以特定的名称标注。

2）感抗 $X_L$

电感线圈对交流电流阻碍作用的大小称感抗 $X_L$，单位是 $\Omega$。它与电感量 $L$ 和交流电频率 $f$ 的关系为 $X_L=2\pi fL$。

3）品质因数 $Q$

品质因数 $Q$ 是表示线圈质量的一个物理量，$Q$ 为感抗 $X_L$ 与其等效的电阻的比值，即 $Q=X_L/R$。线圈的 $Q$ 值越高，回路的损耗越小。线圈的 $Q$ 值与导线的直流电阻、骨架的介质损耗、屏蔽罩或铁心引起的损耗、高频趋肤效应的影响等因素有关。线圈的 $Q$ 值通常为几十到几百。采用磁心线圈，多股粗线圈均可提高线圈的 $Q$ 值。

4）分布电容

线圈的匝与匝间、线圈与屏蔽罩间、线圈与底板间存在的电容称为分布电容。分布电容的存在使线圈的 $Q$ 值减小，稳定性变差，因而线圈的分布电容越小越好。采用分段绕法可减少分布电容。

5）允许误差

允许误差是指电感量实际值与标称值之差除以标称值所得的百分数。

6）标称电流

标称电流指线圈允许通过的电流大小,通常用字母 A、B、C、D、E 分别表示,标称电流值为 50mA、150mA、300mA、700mA、1600mA。

**4. 电感器的选用**

绝大多数的电子元器件,如电阻器、电容器、扬声器等,都是生产部门根据规定的标准和系列进行生产的成品供选用。而电感线圈只有一部分如扼流圈、低频扼流圈、振荡线圈和 LG 固定电感线圈等是按规定的标准生产出来的产品,绝大多数的电感线圈是非标准件,往往要根据实际的需要自行制作。

1）根据电路的要求选择不同的电感器

首先应明确其使用的频率范围,铁心线圈只能用于低频,铁氧体线圈、空心线圈可用于高频;其次要明确线圈的电感量和适用的电压范围。部分电感的性能与用途如表 1-20 所列。

表 1-20　部分电感的性能和用途

| 名　　称 | 性能和用途 |
|---|---|
| 固定电感线圈 | 体积小、Q 值高、性能稳定。常用于滤波、扼流、延时、限波等电路中 |
| 磁心电感线圈 | 体积小,通过调节磁心改变电感量的大小。用于滤波、振荡、频率补偿等电路中 |

常用电感的型号规格有以下几种。

（1）片状电感。

电感量:10nH～1mH。

材料:铁氧体,绕线式,陶瓷叠层。

精度:J＝±5%,K＝±10%,M＝±20%。

尺寸:0402、0603、0805、1008、1206、1210、1812;其中 1008 的封装尺寸为 2.5mm×2.0mm,1210 的封装尺寸为 3.2mm×2.5mm。

片状电感外形如图 1-9 所示。

（2）功率电感。

电感量:1nH～20mH;分为带屏蔽和不带屏蔽。

尺寸:SMD43、SMD54、SMD73、SMD75、SMD104、SMD105;RH73/RH74/RH104R/RH105R/RH124;CD43/54/73/75/104/105。

功率电感外形如图 1-10 所示。

（3）片状磁珠。

(a) 贴片绕线电感　　(b) 贴片叠层电感

图 1-9　片状电感外形

种类:CBG(普通型)阻抗:5Ω～3kΩ;CBH(大电流)阻抗:30～120Ω;CBY(尖峰型)阻抗:5Ω～2kΩ。

规格:0402/0603/0805/1206/1210/1806（贴片磁珠）;SMB302520/SMB403025/SMB853025(贴片大电流磁珠)。

片状磁珠外形如图 1-11 所示。

(a) 贴片功率电感

(b) 屏蔽式功率电感

图 1-10　功率电感外形

图 1-11　片状磁珠外形

（4）色环电感。

电感量：$0.1\mu H \sim 22mH$。

尺寸：0204、0307、0410、0512。

豆形电感：$0.1\mu H \sim 22mH$。

尺寸：0405、0606、0607、0909、0910。

精度：$J=\pm 5\%$，$K=\pm 10\%$，$M=\pm 20\%$。

色环电感读法同色环电阻的表示。

另外，还有插件磁珠、立式电感、轴向滤波电感、磁环电感、空气心电感等。

2）安装要点

线圈是磁感应元件，它对周围的电感性元件有影响，安装时一定要注意电感性元件之间的相互位置，一般应使相互靠近的电感线圈的轴线互相垂直，必要时可在电感性元件上加屏蔽罩。

3）使用注意事项

在使用时，要注意通过电感器的工作电流要小于它的允许电流；否则，电感器将发热，使其性能变坏甚至烧坏。

除功率电感器不测直流电阻（检查导线规格），其他电感器按要求须规定最大直流电阻，一般越小越好。

对于有抗电强度要求的电感器，要选用封装材料耐电压高的品种，一般耐压较好的电感器，防潮性能也较好。采用树脂浸渍、包封、压铸工艺都可满足该项要求。

**5．电感器的测试**

准确测量电感线圈的电感量 $L$ 和品质因数 $Q$，可以用万能电桥或 $Q$ 表或具有电感挡的万用表来检测。一般情况下，检测和判断电感是否开路或局部短路以及电感量的相对大小可以用万用表的电阻挡来实现。

1）外观检查

检测电感时先进行外观检查，看线圈有无松散、引脚有无折断、线圈是否烧毁或外壳是否烧焦等。如有上述现象，则表明电感已损坏。

2）万用表电阻法检测

用万用表的最小电阻挡测线圈的直流电阻。电感的直流电阻一般很小，匝数越多、线径

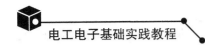
越细的线圈的直流电阻值就越大,能达几十欧姆;对于有抽头的线圈,各引脚之间的阻值均很小,仅有几欧姆左右。若测得线圈的阻值无穷大,说明线圈(或与引出线间)已经开路损坏;若阻值比正常值小很多,则说明有局部短路;若阻值为零,说明线圈完全短路。

### 1.1.4  二极管的识别与测量

二极管由一个 PN 结,加上引线、接触电极和管壳构成。由 P 区引出的电极为阳极,由 N 区引出的电极为阴极。二极管的主要特性是单向导电性,也就是在正向电压的作用下导通电阻很小,而在反向电压作用下导通电阻极大或无穷大。其主要作用包括稳压、整流、检波、开关、光/电转换等。

**1. 二极管的类型**

二极管的种类很多,分类的方法也各不相同。

1) 按用途分类

按用途可分为整流二极管、稳压二极管、检波二极管、发光二极管、光电二极管、变容二极管等。

2) 按结构和工艺分类

按结构可分为点接触型和面接触型两种。

点接触型二极管的结电容小,正向电流和允许加的反向电压小,常用于检波、变频等电路中;面接触型二极管的结电容较大,正向电流和允许加的反向电压较大,主要用于整流等电路。面接触型二极管中用得较多的一类是平面型二极管,平面型二极管可以通过更大的电流,在脉冲数字电路中用作开关管。

3) 按材料分类

按材料可分为锗二极管和硅二极管。

锗管多为点接触型,反向饱和漏电流大、热稳定性差,但工作频率高,适用于高频整流和检波电路。硅管多为面接触型,其热稳定性好,反向电流小,适用于功率稍大的整流电路。

各类二极管的符号如图 1-12 所示,常见二极管的外形如图 1-13 所示。

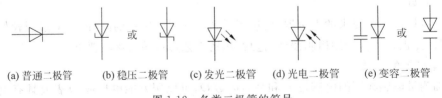

(a) 普通二极管　　(b) 稳压二极管　　(c) 发光二极管　　(d) 光电二极管　　(e) 变容二极管

图 1-12　各类二极管的符号

图 1-13　常见二极管的外形

**2. 二极管的型号命名和标识**

1）二极管的型号命名法

国产二极管的命名由 5 部分组成，如图 1-14 所示。其中第二、第三部分各字母含义如表 1-21 所示。

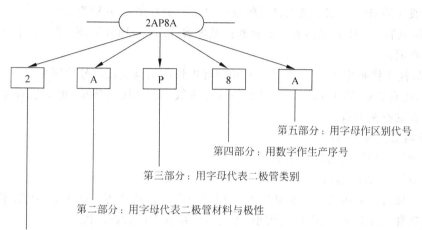

图 1-14　二极管的命名方法

**表 1-21　第二、第三部分各字母含义**

| 第 二 部 分 | | 第 三 部 分 | | | |
|---|---|---|---|---|---|
| 字　母 | 意　义 | 字　母 | 意　义 | 字　母 | 意　义 |
| A | N 型锗材料 | P | 普通二极管 | S | 隧道二极管 |
| B | P 型锗材料 | W | 稳压二极管 | U | 光电二极管 |
| C | N 型硅材料 | Z | 整流二极管 | N | 阻尼二极管 |
| D | P 型硅材料 | K | 开关二极管 | L | 整流堆 |

【例 1.5】　某二极管的标号为 2BS21，其含义是 P 型锗材料隧道二极管。

2）二极管的识别

二极管用文字符号 D 来表示，它的识别很简单，小功率二极管的 N 极（负极）在二极管外表大多采用一种色圈标出来，有些二极管也用二极管专用符号来表示 P 极（正极）或 N 极（负极），也有采用符号标志 P、N 来确定二极管极性的。发光二极管的正负极可从引脚长短来识别，长脚为正，短脚为负。

**3. 二极管的主要参数**

（1）正向电流 $I_F$。在额定功率下允许通过二极管的电流值。

（2）正向电压降 $U_F$。二极管通过额定正向电流时在两极间所产生的电压降。锗管正向压降为 $0.2 \sim 0.3V$，硅管正向压降为 $0.5 \sim 0.7V$。

（3）最大整流电流（平均值）$I_{OM}$。在二极管长期连续工作的情况下允许通过的最大整流电流的平均值。

（4）反向击穿电压 $U_B$。二极管反向电流急剧增大到出现击穿现象时的反向电压值。

（5）最大反向工作电压 $U_{RM}$。二极管正常工作时所允许的反向电压峰值，通常 $U_{RM}$ 为 $U_P$ 的 2/3 或 1/2。

（6）反向电流 $I_R$。在规定的反向电压条件下流过二极管的反向电流值。硅二极管的反向电流一般在纳安（nA）级；锗二极管的反向电流一般在微安（$\mu$A）级。

（7）结电容 $C$。电容包括势垒电容和扩散电容，在高频场合下使用时，要求结电容小于某一规定数值。

（8）最高工作频率 $f_M$。二极管具有单向导电性的最高交流信号的频率。

另外，还有二极管的动态电阻、温度特性等参数。在实际应用中，可通过查器件手册来获得二极管的有关参数。

**4．常用二极管的选用**

不同种类二极管的选用方法如下。

1）检波二极管的选用

检波二极管一般可选用点接触型锗二极管，如 2AP 系列等。选用时，应根据电路的具体要求来选择工作频率高、反向电流小、正向电流足够大的检波二极管。

2）整流二极管的选用

整流二极管一般为平面型硅二极管，用于各种电源整流电路中。选用整流二极管时，主要应考虑其最大整流电流、最大反向工作电流、截止频率及反向恢复时间等参数。

普通串联稳压电源电路中使用的整流二极管，对截止频率的反向恢复时间要求不高，只要根据电路的要求选择最大整流电流和最大反向工作电压符合要求的整流二极管即可，如 1N 系列、2CZ 系列、RLR 系列等。表 1-22 列出了 1N4000 系列二极管的耐压情况。

表 1-22　常用 1N4000 系列二极管的耐压值

| 型　　号 | 1N4001 | 1N4002 | 1N4003 | 1N4004 | 1N4005 | 1N4006 | 1N4007 |
| --- | --- | --- | --- | --- | --- | --- | --- |
| 耐压（电流为 1A/V） | 50 | 100 | 200 | 400 | 600 | 800 | 1000 |

在开关稳压电源的整流电路及脉冲整流电路中，应选用工作频率较高、反向恢复时间较短的整流二极管（如 RU 系列、EU 系列、V 系列、1SR 系列等）或选择快恢复二极管。

3）稳压二极管的选用

稳压二极管一般用在稳压电源中作为基准电压源或用在过电压保护电路中作为保护二极管。选用的稳压二极管，应满足应用电路中主要参数的要求。稳压二极管的稳定电压值应与应用电路的基准电压值相同，稳压二极管的最大稳定电流应高于应用电路的最大负载电流 50％左右。表 1-23 列出了常用稳压管的型号及稳压值。

表 1-23　常用稳压二极管的型号及稳压值

| 型　　号 | 1N4728 | 1N4729 | 1N4730 | 1N4732 | 1N4735 | 1N4744 | 1N4750 | 1N4755 |
| --- | --- | --- | --- | --- | --- | --- | --- | --- |
| 稳压值/V | 3.3 | 3.6 | 3.9 | 4.7 | 6.2 | 15 | 27 | 43 |

4）开关二极管的选用

开关二极管主要应用于收录机、电视机、影碟机等家用电器及电子设备有开关电路、检波电路、高频脉冲整流电路等。

中速开关电路和检波电路，可以选用 2AK 系列普通开关二极管。高速开关电路可以选用 RLS 系列、1SS 系列、1N 系列、2CK 系列的高速开关二极管。要根据应用电路的主要参数（如正向电流、最高反向电压、反向恢复时间等）来选择开关二极管的具体型号。

5）变容二极管的选用

选用变容二极管时，应着重考虑其工作频率、最高反向工作电压、最大正向电流和零偏压结电容等参数是否符合应用电路的要求，应选用结电容变化大、高 $Q$ 值、反向漏电流小的变容二极管。

**5. 常用二极管的检测**

1）外观判别二极管的极性

二极管的正、负极性一般都标注在其外壳上。有时会将二极管的图形直接画在其外壳上，如图 1-15（a）所示。对于二极管引线是轴向引出的，则会在其外壳上标出色环（色点），如图 1-15（b）所示，有色环（色点）的一端为二极管的负极端。发光二极管的极性可从管脚长短判断，管脚短的为负极，还可从极片面积大小判断，金属片大的一端为负极，如图 1-15（c）所示。若二极管引线是同向引出，其判断如图 1-15（d）所示。若二极管是透明玻璃壳，则可直接看出极性，即二极管内部连触丝的一端为正极。

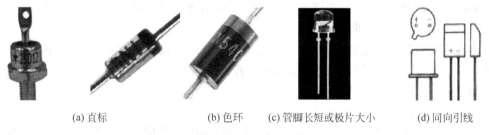

(a) 直标          (b) 色环          (c) 管脚长短或极片大小          (d) 同向引线

图 1-15　二极管极性的判断

2）指针式万用表检测二极管的极性与好坏

检测原理：根据二极管的单向导电性这一特点，性能良好的二极管，其正向电阻小，反向电阻大；这两个数值相差越大越好。若相差不多，说明二极管的性能不好或已经损坏。

测量时，选用万用表的"欧姆"挡。一般用 $R \times 100\Omega$ 或 $R \times 1\text{k}\Omega$ 挡。而不用 $R \times 1\Omega$ 或 $R \times 10\text{k}\Omega$ 挡。因为 $R \times 1\Omega$ 挡的电流太大，容易烧坏二极管。$R \times 10\text{k}\Omega$ 挡的内电源电压太大，易击穿二极管。

测量方法：将两表笔分别接在二极管的两个电极上，读出测量的阻值；然后将表笔对换，再测量一次。记下第二次阻值。若两次阻值相差很大，说明该二极管性能良好；并根据测量电阻小的那次的表笔接法（称为正向连接），判断出与黑表笔连接的是二极管的正极，与红表笔连接的是二极管的负极。因为万用表的内电源的正极与万用表的"—"插孔连通，内

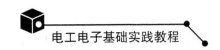

电源的负极与万用表的"＋"插孔连通。

如这两次测量的阻值都很小，说明二极管已经击穿；如果两次测量的阻值都很大，说明二极管内部已经断路；如果两次测量的阻值相差不大，说明二极管性能欠佳。在这些情况下，二极管就不能使用了。

必须指出，由于二极管的伏安特性是非线性的，用万用表的不同电阻挡测量二极管的电阻时会得出不同的电阻值。实际使用时，流过二极管的电流会较大，因而二极管呈现的电阻值会更小些。

3）数字式万用表检测二极管的极性与好坏

（1）极性判别。

选用万用表的"二极管"挡量程。因为数字万用表的内电源的正极与万用表的 V·Ω 插孔连通，内电源的负极与万用表的 COM 插孔连通，将红表笔插入 V·Ω 插孔，黑表笔插入 COM 插孔，两表笔分别接在二极管的两个电极上，如果显示溢出符号 1，说明二极管处于反向截止状态，如果显示 1V 以下，说明二极管处于正向导通状态，此时与红表笔相接的是管子的正极，与黑表笔相接的是负极。

（2）好坏的测量。

将数字万用表置于二极管挡，红表笔插入 V·Ω 插孔，黑表笔插入 COM 插孔。当红表笔接二极管的正极，黑表笔接二极管的负极时，显示值在 1V 以下；当黑表笔接二极管的正极，红表笔接二极管的负极时，显示溢出符号 1，说明被测二极管正常。若两次测量均显示溢出，则表示二极管内部断路。若两次测量均显示 000，则表示二极管已被击穿短路。

（3）硅管与锗管的判断。

量程开关位置及表笔插法同上，红表笔接二极管的正极，黑表笔接二极管的负极时，若显示电压为 0.5～0.7V，说明被测管是硅管；若显示电压为 0.1～0.3V，说明被测管是锗管。

4）特殊类型二极管的检测

（1）稳压二极管。

稳压二极管是一种工作在反向击穿区、具有稳定电压作用的二极管。其极性与性能好坏的测量与普通二极管的测量方法相似，不同之处在于：当使用万用表的 $R \times 1k\Omega$ 挡测量二极管时，测得其反向电阻是很大的；此时，将万用表转换到 $R \times 10k\Omega$ 挡，如果出现万用表指针向右偏转较大角度，即反向电阻值减小很多的情况，则该二极管为稳压二极管；如果反向电阻基本不变，说明该二极管是普通二极管。

稳压二极管的测量原理：万用表 $R \times 1k\Omega$ 挡的内电池电压较小，通常不会使普通二极管和稳压二极管击穿，所以测出的反向电阻都很大。当万用表转换到 $R \times 10k\Omega$ 挡时，万用表内电池电压变得很大，使稳压二极管出现反向击穿现象，所以其反向电阻下降很多；由于普通二极管的反向击穿电压比稳压二极管高得多，因而普通二极管不击穿，其反向电阻仍然很大。

（2）发光二极管。

发光二极管（LED）是一种将电能转换成光能的特殊二极管，是一种新型的冷光源，常用于电子设备的电平指示、模拟显示等场合。它常采用砷化镓、磷化镓等化合物半导体制成。发光二极管的发光颜色主要取决于所用半导体的材料。可以发出红、橙、黄、绿 4 种可见光。

发光二极管的外壳是透明的,外壳的颜色表示了它的发光颜色。

发光二极管工作在正向区域。其正向导通(开启)工作电压高于普通二极管,外加正向电压越大,LED 发光越亮。但使用中应注意,外加正向电压不能使发光二极管超过其最大工作电流,以免烧坏管子。

对发光二极管的检测方法主要采用万用表的 $R \times 10 \mathrm{k}\Omega$ 挡。其测量方法及对其性能的好坏判断与普通二极管相同。但发光二极管的正向、反向电阻均比普通二极管大得多。在测量发光二极管正向电阻时,可以看到该二极管有微微的发光现象。

(3)光电二极管。

光电二极管又称为光敏二极管,它是一种将光能转换为电能的特殊二极管,其管壳上有一个嵌着玻璃的窗口,以便于接收光线。

光电二极管工作在反向工作区。无光照时,光电二极管与普通二极管一样,反向电流很小(一般小于 $0.1\mu A$),光电管的反向电阻很大(几十兆欧以上);有光照时,反向电流明显增加。反向电阻明显下降(几千欧到几十千欧),即反向电流(称为光电流)与光照成正比。

光电二极管可用于光的测量,可当作一种能源(光电池)。它作为传感器件广泛应用于光电控制系统中。

光电二极管的检测方法与普通二极管基本相同。不同之处是:有光照和无光照两种情况下,反向电阻相差很大;若测量结果相差不大,说明该光电二极管已损坏或该二极管不是光电二极管。

### 1.1.5 晶体三极管的识别与测量

晶体三极管也称为双极型半导体三极管,是一种电流控制电流的半导体器件。其作用是把微弱的电信号放大成幅值较大的电信号,也用作无触点开关。晶体三极管是半导体基本元器件之一,具有电流放大作用,是电子电路的核心元件。

**1. 三极管的分类**

三极管的种类很多,分类方法也各不相同。

1)按工作频率划分

按工作频率分有高频三极管($f_a \geqslant 3\mathrm{MHz}$)和低频三极管($f_a < 3\mathrm{MHz}$)。

2)按功率大小划分

按功率大小分有大功率、中功率和小功率三极管。

3)按封装形式划分

按封装形式分有金属封装三极管和塑料封装三极管。

4)按极性划分

按极性分有 PNP 型和 NPN 型三极管。

5)按材料划分

按材料分有硅三极管和锗三极管。

6)按功能划分

按功能分有光敏三极管、开关三极管和功率三极管等。

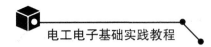

**2. 晶体三极管的结构与工作原理**

1）晶体三极管的结构与符号

晶体三极管是在一块半导体基片上制作两个相距很近的 PN 结,两个 PN 结把整块半导体分成 3 部分,中间部分是基区,两侧部分是发射区和集电区,排列方式有 PNP 和 NPN 两种。

从 3 个区引出相应的电极,分别为基极 b、发射极 e 和集电极 c。发射区和基区之间的 PN 结叫发射结,集电区和基区之间的 PN 结叫集电结。

基区很薄,而发射区较厚,杂质浓度大,PNP 型三极管发射区"发射"的是空穴,其移动方向与电流方向一致,故发射极箭头向里;NPN 型三极管发射区"发射"的是自由电子,其移动方向与电流方向相反,故发射极箭头向外。发射极箭头指向也是 PN 结在正向电压下的导通方向。

硅晶体三极管和锗晶体三极管都有 PNP 型和 NPN 型两种类型,其结构与符号如图 1-16 所示。

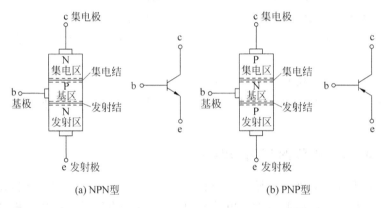

(a) NPN 型        (b) PNP 型

图 1-16   PNP 和 NPN 型三极管的结构与符号

2）晶体三极管的工作状态与原理

晶体三极管根据外加信号的不同,可工作在 4 种状态。

（1）线性放大状态。

当基极电压 $U_B$ 有一个微小的变化时,基极电流 $I_B$ 也会随之有一小的变化,受基极电流 $I_B$ 的控制,集电极电流 $I_C$ 会有一个很大的变化,基极电流 $I_B$ 越大,集电极电流 $I_C$ 也越大;反之,基极电流越小,集电极电流也越小,即基极电流控制集电极电流的变化。但是集电极电流的变化比基极电流的变化大得多,这就是三极管的放大作用。

$I_C$ 的变化量与 $I_B$ 变化量之比叫做三极管的放大倍数 $\beta$（$\beta = \Delta I_C / \Delta I_B$，$\Delta$ 表示变化量），三极管的放大倍数 $\beta$ 一般在几十到几百倍。

（2）饱和状态。

当外加信号使得基极电流 $I_B$ 增大到一定程度后,集电极电流 $I_C$ 不会再随基极电流 $I_B$ 的增大而增大,此时集电极电流 $I_C$ 已达最大值,三极管就进入饱和导通状态,三极管发射极 e 与集电极 c 之间的电压接近于 0。它相当于开关的闭合状态。

（3）截止状态。

当外加信号不足以使发射结正向导通,基极电流 $I_B$ 为 0,集电极电流 $I_C$ 也为 0,三极管就进入截止状态,三极管发射极 e 与集电极 c 之间相当于开路。它相当于开关的打开状态。

（4）非线性工作状态。

由于 PN 结的特性具有非线性,因此晶体三极管也有非线性特点,在无线电通信系统中,振荡器、混频器等正是利用三极管的这一特点应用在电子电路中。

**3. 晶体三极管的型号命名和标识**

1) 三极管的型号命名法

电子制作中常用的三极管有 90×× 系列,包括低频小功率硅管 9013(NPN)、9012(PNP),低噪声管 9014(NPN),高频小功率管 9018(NPN)等。它们的型号一般都标在塑壳上,都是 TO-92 标准封装。在老式的电子产品中还能见到 3DG6(低频小功率硅管)、3AX31(低频小功率锗管)等,它们的型号也都印在金属的外壳上。

国产三极管的命名由 5 部分组成,如图 1-17 所示。其中第二、第三部分各字母含义如表 1-24 所示。

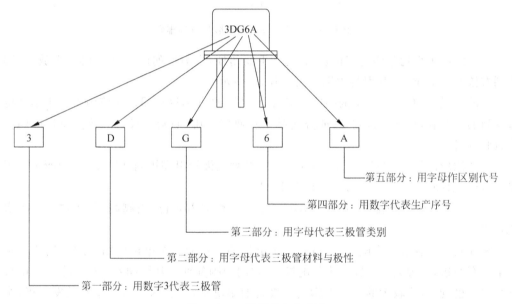

图 1-17　三极管的命名方法

表 1-24　第二、第三部分各字母含义

| 第 二 部 分 | | 第 三 部 分 | |
| 字　母 | 意　义 | 字　母 | 意　义 |
| --- | --- | --- | --- |
| A | PNP 型锗材料 | K | 开关三极管 |
| B | NPN 型锗材料 | X | 低频小功率三极管($f_a<3MHz$,$P_C<1W$) |
| C | PNP 型硅材料 | G | 高频小功率三极管($f_a\geqslant3MHz$,$P_C<1W$) |
| D | NPN 型硅材料 | D | 低频大功率三极管($f_a<3MHz$,$P_C\geqslant1W$) |
| | | A | 高频大功率三极管($f_a\geqslant3MHz$,$P_C\geqslant1W$) |

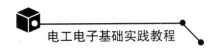 

2）三极管的引脚识别

三极管引脚的排列方式具有一定的规律。

对于国产小功率金属封装三极管，从底视图放置位置看，3个引脚作为等腰三角形的顶点上，自左向右依次为 E、B、C；有管键的管子，从管键处按顺时针方向依次为 E、B、C，其引脚识别如图 1-18(a)所示。

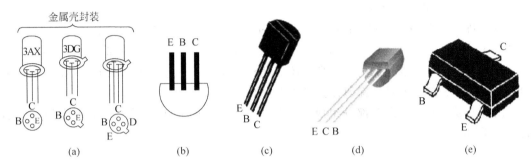

图 1-18 常见三极管的外形与引脚排列

对于国产中小功率塑封三极管，若使其平面朝外，半圆形朝内，3个引脚朝上放置，则从左到右依次为 E、B、C，其引脚识别如图 1-18(b)所示。

目前，市场上有各种类型的晶体三极管，引脚的排列不尽相同。在使用中对于不确定引脚排列的三极管，必须进行测量，或查找晶体管使用手册，明确三极管的特性及相应的技术参数和资料。

现今比较流行的 9011～9018\8050\8550 系列三极管引脚排列如图 1-18(c)所示。平面对着自己，引脚朝下，从左至右依次是 E、B、C。

C1815 三极管引脚排列如图 1-18(d)所示。平面对着自己，引脚朝下，从左至右依次是 E、C、B。

贴片式三极管有 3 个电极的，也有 4 个电极的。一般 3 个电极的贴片式三极管从顶端往下看有两边，上边只有一脚的为集电极，下边的两脚分别是基极和发射极。在 4 个电极的贴片式三极管中，比较大的一个引脚是三极管的集电极，另有两个引脚相通是发射极，余下的一个是基极。常见贴片式三极管引脚外形如图 1-18(e)所示。

**4. 晶体三极管的主要参数**

1）极间反向饱和电流

(1) 集电极—基极反向饱和电流 $I_{CBO}$。发射极开路（$I_E = 0$）时，基极和集电极之间加上规定的反向电压 $U_{CB}$ 时的集电极反向电流。它只与温度有关，在一定温度下是个常数，所以称其为集电极—基极的反向饱和电流。良好的三极管，$I_{CBO}$ 很小，小功率锗管的 $I_{CBO}$ 为 $1 \sim 10\mu A$，大功率锗管的 $I_{CBO}$ 可达数毫安，而硅管的 $I_{CBO}$ 则非常小，是毫微安级。

(2) 集电极—发射极反向电流 $I_{CEO}$（穿透电流）。基极开路（$I_B = 0$）时，集电极和发射极之间加上规定反向电压 $U_{CE}$ 时的集电极电流。$I_{CEO}$ 大约是 $I_{CBO}$ 的 $\beta$ 倍，即 $I_{CEO} = (1+\beta)I_{CBO}$。$I_{CEO}$ 和 $I_{CBO}$ 受温度影响极大，它们是衡量管子热稳定性的重要参数，其值越小，性能越稳定，

小功率锗管的 $I_{CEO}$ 比硅管大。

2）电流放大系数

（1）直流电流放大系数 $\beta_1$。这是指共发射极接法，没有交流信号输入时，集电极输出的直流电流与基极输入的直流电流的比值，即 $\beta_1 = I_c / I_b$。

（2）交流电流放大系数 $\beta$。这是指共发射极接法，集电极输出电流的变化量 $\Delta I_c$ 与基极输入电流的变化量 $\Delta I_b$ 之比，即 $\beta = \Delta I_c / \Delta I_b$。

一般晶体管的 $\beta$ 在 $10 \sim 200$ 之间，如果 $\beta$ 太小，则电流放大作用差，如果 $\beta$ 太大，电流放大作用虽然大，但性能往往不稳定。

3）极限参数

（1）集电极最大允许电流 $I_{CM}$。三极管正常工作时，集电结允许通过的最大电流。

（2）集电极—发射极击穿电压 $BU_{CEO}$。当基极开路时，加在集电极和发射极之间的最大反向电压，使用时如果 $U_{CE} > BU_{CEO}$，管子就会被击穿。

（3）集电极最大允许耗散功率 $P_{CM}$。集电极流过 $I_c$，温度要升高，管子因受热而引起参数的变化不超过允许值时的最大集电极耗散功率称为 $P_{CM}$。管子实际的耗散功率等于集电极直流电压和电流的乘积，即 $P_{CM} = U_{CE} I_c$，使用时应使 $P_c < P_{CM}$。$P_{CM}$ 与散热条件有关，增加散热片可提高 $P_{CM}$。

4）特性频率 $f_T$

晶体三极管的 $\beta$ 值随工作频率的升高而下降，三极管的特性频率 $f$ 是当 $\beta$ 下降到 1 时的频率值。也就是说，在这个频率下的三极管已失去放大能力，因此晶体管的工作频率必须小于晶体管特性频率的一半以下。$f_T$ 是全面地反映晶体管的高频放大性能的重要参数。

**5. 常用晶体三极管的选用**

1）根据具体电路要求选用不同类型晶体三极管

家用电器和其他电子设备的种类很多，而每一种设备又有不同的电路，如彩色电视机有高频电路、音频功放电路、中放处理电路、行和场输出电路、开关电源调整电路等；收录机和音响设备同样也有高放电路、前置低放电路、变频电路、低放和功放电路、振荡电路等。电视机的高放和变频电路要求噪声小，应选用噪声系数小的高频三极管；电视机的中放电路除要求噪声低以外，还要求具有良好的自动音频控制功能，应选用二者兼顾的高频管；音响设备和晶体管收音机的高频电路应选用高频管，并选用功率和放大倍数适宜的高频晶体管；在低频功率放大电路中，可选用低频大功率管或低频小功率管；在驱动电路开关稳压电路中，可选用功率复合管；彩色电视机的开关电源电路可选用大功率开关三极管；数字电路、驱动电路可选用小功率开关三极管；在家用电器、通信设备的光控电路中可选用光敏三极管等。

2）根据三极管的主要参数进行选用

在选好三极管种类、型号的基础上，再看一下晶体三极管的各项参数是否符合电路要求。选用的晶体管的参数应尽量满足下述条件。

（1）特征频率要高，一般高频三极管可满足此参数要求。特征频率一般比电路的工作频率高 3 倍以上。

（2）电流放大系数一般为 $40 \sim 80$；电流放大系数过高也不好，容易引起自激。

（3）集电极结电容要小，以提高频率高端的灵敏度。

（4）高频噪声系数应尽可能小些，以使灵敏度相对提高。

（5）集电极反向电流要小，一般应小于 $10\mu A$。

（6）选用开关管就要求有较快的开关速度和较好的开关特性，特征频率要高，反向电流要小，发射极和集电极的饱和压降较低等。

（7）选用光敏三极管时，除了选择最高工作电压、集电极最大电流、最大允许耗散功率等参数外，还要注意暗电流和光电流以及光谱响应范围等特殊参数。

（8）选用高频低噪声三极管时，其技术参数有很多项，其主要特性参数有正向增益自动控制、噪声系数、特征频率等。

**6. 常用晶体三极管的检测**

1）用指针式万用表检测晶体三极管的极性与管脚

（1）三极管类型和基极 b 的判别。

将指针式万用表置于 $R\times100\Omega$ 或 $R\times1k\Omega$ 挡，用黑表笔碰触某一极，红表笔分别碰触另外两极，若两次测得的电阻都小（或都大），则黑表笔（或红表笔）所接引脚为基极且为 NPN 型（或 PNP 型）。

（2）发射极 e 和集电极 c 的判别。

若已判明三极管的基极和类型，任意设另外两个电极为 e、c 端。判别 c、e 时按图 1-19 进行。以 PNP 型管为例，将万用表红表笔假设接 c 端，黑表笔接 e 端，用潮湿的手指捏住基极 b 和假设的集电极 c 端，但两极不能相碰（潮湿的手指代替图中 $100k\Omega$ 的电阻 $R$）。

再将假设的 c、e 电极互换，重复上面的步骤，比较两次测得的电阻大小。测得电阻小的那次，红表笔所接的引脚是集电极 c，另一端是发射极 e。

2）用数字万用表检测晶体三极管的极性与管脚

（1）三极管类型与基极 b 的判别。

数字万用表的二极管挡，用红表笔去接三极管的某一管脚（假设作为基极），用黑表笔分

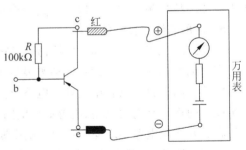

图 1-19　用万用表判别 PNP 型三极管的 c、e 极

别接另外两个管脚，如果表的液晶屏上两次都显示有零点几伏的电压（锗管为 0.3V 左右，硅管为 0.7V 左右）。那么此管应为 NPN 管且红表笔所接的管脚是基极。如果两次所显示的为"OL"，那么红表笔所接的管脚便是 PNP 型管的基极。

（2）发射极 e 和集电极 c 的判别。

在判别出管子的型号和基极的基础上，可以再判别发射极和集电极。仍用二极管挡，对于 NPN 管，令红表笔接其 B 极，黑表笔分别接在另两个脚上，两次测得的极间电压中，电压微高的为 E 极，电压低一些的为 C 极。如果是 PNP 管，令黑表笔接其 B 极，同样所得电压高的为 E 极，电压低一些的为 C 级。例如，用红表笔接 C9018 的中间那个脚（B 极），黑表笔分别接另外两个管脚，可得 0.719V、0.731V 两个电压值。其中 0.719V 为 B 与 C 之间的电

压,0.731V 为 B 与 E 之间的电压。

3）晶体三极管好坏的判别

判别三极管的好坏,只要查三极管各 PN 结是否损坏即可,通过万用表测量其发射极与集电极间的正向电压和反向电压来判定。如果测得的正向电压与反向电压相似且几乎为 0,或正向电压为"OL",说明三极管已经短路或断路。

4）用数字式万用表测晶体三极管电流放大系数

数字式万用表一般都有测三极管放大倍数的挡($h_{FE}$),使用时先确认晶体管类型,然后将被测管子 e、b、c 三脚分别插入数字式万用表面板对应的三极管插孔中,表显示出 $h_{FE}$ 的近似值。

以上介绍的方法是比较简单的测试,要想进一步精确测试可以使用晶体管图示仪,它能十分清楚地显示出三极管的特性曲线及电流放大倍数等。

## 1.1.6　集成电路的识别与检测

集成电路是一种微型电子器件或部件。采用一定的工艺,把一个电路中所需的晶体二极管、三极管、电阻、电容和电感等元件按设计要求集成在一小块或几小块半导体晶片或介质基片上,然后封装在一个管壳内,成为具有所需电路功能的微型结构的电子器件,俗称芯片。它实现了材料、元器件和电路的三位一体,与分立元件相比,具有体积小、功耗低、性能好、重量轻、可靠性高和成本低等优点。当今半导体工业大多数应用的是基于硅的集成电路。它不仅在工、民用电子设备如收录机、电视机、计算机等方面得到广泛的应用,同时在军事、通信、遥控等方面也得到广泛的应用。本小节从实用角度介绍常用集成电路的分类、封装、识别与检测。

**1. 集成电路的分类**

集成电路的种类很多,分类的方法也各不相同。

1）按传送信号的功能划分

其可分为模拟集成电路、数字集成电路和数/模混合集成电路三大集成电路。

模拟集成电路又称线性电路,用来产生、放大和处理各种模拟信号(指幅度随时间变化的信号,如半导体收音机的音频信号、录放机的磁带信号等),其输入信号和输出信号成比例关系。常用的模拟集成电路有运算放大器、电压比较器、模拟乘法器、集成稳压块、锁相环、函数发生器等。

而数字集成电路用来产生、放大和处理各种数字信号(指在时间上和幅度上离散取值的信号,如 3G 手机、数码相机、计算机 CPU、数字电视的逻辑控制和重放的音频信号和视频信号)。常用的数字集成电路有 TTL 型、ECL 型、CMOS 型三大类。

2）按制造工艺划分

集成电路按制造工艺可分为半导体集成电路、膜集成电路和由两者合成的混合集成电路。膜集成电路又分为厚膜集成电路和薄膜集成电路。

3）按集成度高低划分

集成电路按集成度高低的不同,可分为小规模集成电路(Small Scale Integrated Circuits,SSIC)、中规模集成电路(Medium Scale Integrated Circuits,MSIC)、大规模集成电路(Large Scale Integrated Circuits,LSIC)、超大规模集成电路(Very Large Scale Integrated

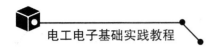

Circuits,VLSIC)、特大规模集成电路(Ultra Large Scale Integrated Circuits,ULSIC)、巨大规模集成电路也称作极大规模集成电路或超特大规模集成电路(Giga Scale Integration Circuits,GSIC)。

4）按导电类型不同划分

集成电路按导电类型不同,可分为双极型集成电路和单极型集成电路,它们都是数字集成电路。

双极型集成电路的制作工艺复杂,功耗较大,代表集成电路有 TTL、ECL、HTL、LST-TL、STTL 等类型。单极型集成电路的制作工艺简单,功耗也较低,易于制成大规模集成电路,代表集成电路有 CMOS、NMOS、PMOS 等类型。

5）按应用领域划分

集成电路按应用领域不同,可分为标准通用集成电路和专用集成电路。

6）按外形划分

集成电路按外形可分为圆形(金属外壳晶体管封装型,一般适用于大功率器件)、扁平形(稳定性好、体积小)和双列直插式。

**2. 集成电路的命名**

集成电路现行国际规定的命名法如下,器件的型号由 5 部分组成,各部分符号及意义见表 1-25。

表 1-25　集成电路型号各部分的意义

| 第0部分 | | 第1部分 | | 第2部分 | 第3部分 | | 第4部分 | |
| --- | --- | --- | --- | --- | --- | --- | --- | --- |
| 用字母表示器件符合国家标准 | | 用字母表示器件的类型 | | 用数字与字母表示器件系列品种 | 用字母表示器件的工作温度范围 | | 用字母表示器件的封装 | |
| 符号 | 意义 | 符号 | 意义 | 意义 | 符号 | 意义 | 符号 | 意义 |
| C | 中国制造 | T | TTL 电路 | 用数字 TTL 分为：① | C | 0～70℃ | F | 多层陶瓷扁平 |
| | | H | HTL 电路 | | G | −25～70℃ | B | 塑料扁平 |
| | | E | ECL 电路 | 54/74 *** | L | −24～85℃ | H | 黑瓷扁平 |
| | | C | CMOS 电路 | 54/74H *** | E | −40～85℃ | D | 多层陶瓷双列直插 |
| | | M | 存储器 | 54/74L *** | R | −55～85℃ | J | 黑瓷双列直插 |
| | | μ | 微型机电路 | 54/74S *** | M | −55～125℃ | P | 塑料双列直插 |
| | | F | 线性放大器 | 54/74LS *** | | | S | 塑料单列直插 |
| | | W | 稳定器 | 54/74AS *** | | | K | 金属菱形 |
| | | B | 非线性电路 | 54/74ALS *** | | | T | 金属圆形 |
| | | J | 接口电路 | 54/74F *** | | | C | 陶瓷芯片载体 |
| | | AD | A/D 转换器 | | | | E | 塑料芯片载体 |
| | | DA | D/A 转换器 | | | | G | 网络针栅降列 |
| | | D | 音响、电视电路 | CMOS 分为： | | | | |
| | | SC | 通信专用电路 | 4000 系列 | | | | |
| | | SS | 敏感电路 | 54/74HC *** | | | | |
| | | SW | 钟表电路 | 54/74HCT *** | | | | |

注　①74：国际通用 74 系列(民用)；54：国际通用 54 系列(军用)；H：高速；L：低速；S：肖特基；LS：低功耗肖特基；HC：高速 CMOS。

**【例 1.6】**　肖特基双 4 输入与非门 CT54S20MD。

C——符合国家标准。

T——TTL 电路。

54S20——肖特基双 4 输入与非门。

M———55～125℃。

D——多层陶瓷双列直插封装。

**3. 集成电路的封装及引脚识别**

1) 集成电路的封装形式

集成电路的封装形式有多种。按照封装外形分,主要有直插式封装、贴片式封装、BOA 封装、CSP 封装等类型;按照封装材料分,主要有金属封装、塑料封装和陶瓷封装等。常见集成电路的封装形式如表 1-26 所示。

表 1-26　常用集成电路的封装形式

| 名　称 | 封装外形 | 特　点 |
|---|---|---|
| 圆形金属外壳封装 | | 最初的芯片封装形式。引脚数为 8～12。散热好,价格高,屏蔽性能良好,主要用于高档产品 |
| SIP(Single In-line Package)<br>单列直插式封装 | | 引脚中心距通常为 2.54mm,引脚数为 2～23,多数为定制产品。造价低且安装便宜,广泛用于民品 |
| ZIP(Zig-Zag In-line Package)<br>单列曲插式封装 | | 引脚数为 3～16。散热性能好,多用于大功率器件 |
| DIP(Dual In-line Package)<br>双列直插式封装 | | 绝大多数中小规模 IC 均采用这种封装形式,其引脚数一般不超过 100 个。适合在 PCB 板上插孔焊接,操作方便。塑封 DIP 应用最广泛 |
| SOP(Small Out-Line Package)<br>双列表面安装式封装 | | 引脚有 J 形和 L 形两种形式,中心距一般分 1.27mm 和 0.8mm 两种,引脚数为 8～32。体积小,是最普及的表面贴片封装 |
| QFP(Quad Flat Package)矩形扁平式封装 | | 芯片引脚之间距离很小,管脚很细,一般大规模或超大规模集成电路都采用这种封装形式,其引脚数一般在 100 个以上。适用于高频线路,一般采用 SMT 技术在 PCB 板上安装 |

续表

| 名 称 | 封装外形 | 特 点 |
|---|---|---|
| PGAP（Pin Grid Array Package）插针网格阵列封装 | | 插装型封装之一，其底面的垂直引脚呈阵列状排列，一般要通过插座与 PCB 板连接。引脚中心距通常为 2.54mm，引脚数为 64～447。插拔操作方便，可靠性高，可适应更高的频率 |
| BGAP（Ball Grid Array Package）球栅阵列封装 | | 表面贴装型封装之一，其底面按阵列方式制作出球形凸点用以代替引脚。适应频率超过 100MHz，I/O 引脚数大于 208 个。电热性能好，信号传输延迟小，可靠性高 |
| LCCC（Leaded Ceramic Chip Carrier）陶瓷无引线芯片载体 | | 芯片封装在陶瓷载体中，无引脚的电极焊端排列在底面的四边。引脚中心距为 1.27mm，引脚数为 18～156。高频特性好，造价高，一般用于军品 |
| COB（Chip On Board）板上芯片封装 | | 裸芯片贴装技术之一，俗称"软封装"。IC 芯片直接粘接在 PCB 板上，引脚焊在铜箔上并用黑塑胶包封，形成"帮定"板。该封装成本最低，主要用于民品 |

2）集成电路的引脚识别

集成电路通常有多个引脚，每一个引脚都有其相应的功能。使用集成电路前，必须认真识别集成电路的引脚，确认电源、接地端、输入、输出、控制端等的引脚号，以免因接错而损坏器件。

几种常见的集成电路封装形式及引脚识别如表 1-27 所示。

表 1-27　常见集成电路的引脚识别

| 封 装 | 引脚排列图 | 识 别 方 法 |
|---|---|---|
| 圆形金属封装 | 识别标记（定位孔） | 识别时，首先找出定位标记，定位标记一般为管键、色点、定位孔等。然后将引脚朝上，从定位标记开始，按顺时针方向管脚号 1、2、3……依次递增 |

续表

| 封　装 | 引脚排列图 | 识　别　方　法 |
|---|---|---|
| SIP 单列直插式封装 | 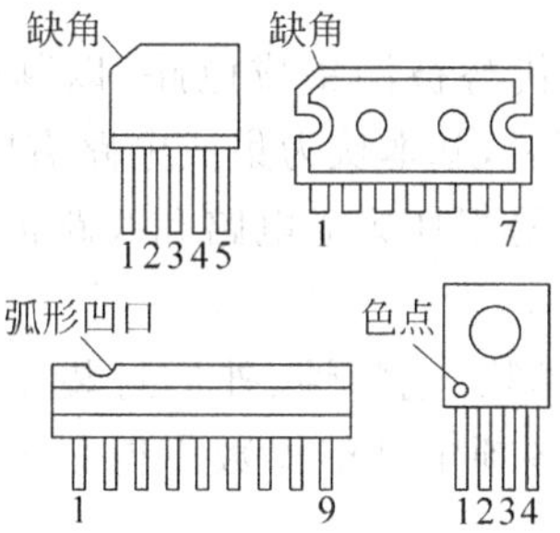 | 识别时引脚朝下,面对型号或定位标记,自定位标记对应的一侧头一只管脚数起,依次为1、2、3、……常用的定位标记有色点、色带、凹口、小孔、线条、缺角等 |
| DIP 双列直插式封装 | 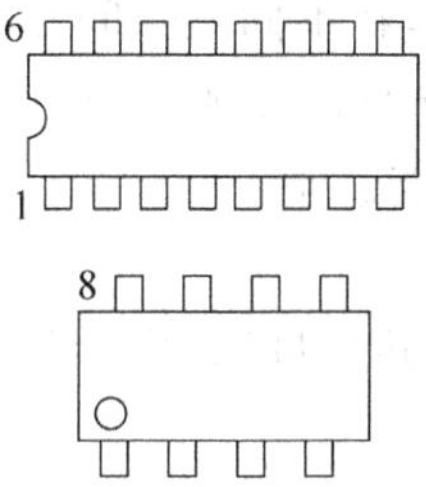 | 识别时引脚朝下,即其型号、商标向上,定位标记在左侧,则从左下角第一只脚开始,按逆时针方向依次为1、2、3…… |
| 四列扁平封装 | 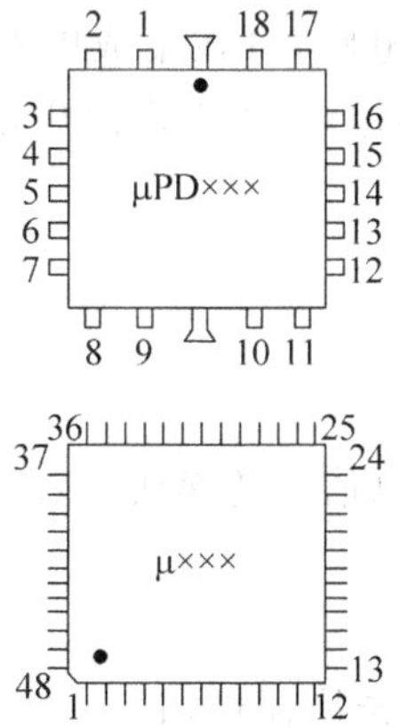 | 识别时引脚朝下,即其型号、商标向上,从定位标记处开始为1号脚,按逆时针方向依次为1、2、3…… |

**4. 集成电路的检测**

集成电路种类繁多,其检测方法也很多,本书简单介绍常用的基本检测方法。

1）电阻检测法

在集成电路未接入电路前,可用万用表的欧姆挡测量集成电路各引脚对地的正、反向电阻,并与参考资料或同一型号、完好的集成电路进行比对,从而判断该集成电路的好坏。

2）电压检测法

对测试的集成电路通电,使用万用表的直流电压挡测量集成电路各引脚对地电压。将测得结果与该集成电路参考资料所提供的标准电压值进行比较,从而判断是该集成电路有问题,还是其外围电路有问题。

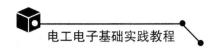

3）波形检测法

用示波器测量集成电路各引脚的波形，并与标准波形相比较，从而发现问题。

4）替代法

用已知完好的同型号、同规格集成电路代替被测集成电路，以判断该集成电路是否损坏。这种方法往往是在前几种方法初步检测后，基本认为集成电路有问题时所采用的方法。该方法的特点是直接、见效快，但拆焊麻烦且易损坏集成电路和线路板。

**5. 集成电路的使用注意事项**

（1）使用前应对集成电路的功能、内部结构、电特性、外形封装及与该集成电路相连接的电路作全面的分析和理解，使用情况下的各项电性能参数不得超出该集成电路所允许的最大使用范围。

（2）安装集成电路时要注意方向，不要搞错，在不同型号间互换时更要注意。

（3）正确处理好空脚，遇到空的引脚时不应擅自接地，这些引脚为更替或备用脚，有时也作为内部连接。CMOS电路不用的输入端不能悬空。

（4）注意引脚承受的应力与引脚间的绝缘。

（5）对功率集成电路需要有足够的散热器，并尽量远离热源。

（6）切忌带电插拔集成电路。

（7）集成电路及其引线应远离脉冲高压源。

（8）防止感性负载的感应电动势击穿集成电路，可在集成电路相应引脚接入保护二极管，以防止过压击穿。注意供电电源的极性和稳定性，可在电路中增设如二极管组成的保证电源极性正确的电路和浪涌吸收电路。

## 1.1.7 其他电子元器件

**1. 电声器件**

电声器件是把声音信号转换成电信号或把电信号转换成声音信号的一种器件。常用的电声器件有传声器、扬声器、耳机、蜂鸣器等。

1）传声器

传声器是将声音信号转换为电信号的能量转换器件，也称麦克风（microphone）、话筒、微音器。

传声器按声电转换原理分为电动式（动圈式、履带式）、电容式（直流极化式）、压电式（晶体式、陶瓷式）以及电磁式、炭粒式、半导体式等；按声场作用力分为压强式、压差式、组合式、线列式等；按电信号的传输方式分为有线、无线；按用途分为测量话筒、人声话筒、乐器话筒、录音话筒；按指向性分为心型、锐心型、超心型、双向（8字型）、无指向（全向型）。

驻极体传声器体积小巧，成本低廉，在电话、手机等设备中广泛使用。常见传声器如图1-20所示。

2）扬声器

扬声器俗称喇叭，是音响系统中的重要器件。扬声器是一种把电信号转变为声信号的换能器件，它的性能优劣对音质的影响很大。扬声器的种类繁多，音频电能通过电磁、压电

图 1-20 常见传声器

或静电效应,使其纸盆或膜片振动并与周围的空气产生共振(共鸣)而发出声音,因此有不同的分类方法。

按其换能原理,可分为电动式(即动圈式)、静电式(即电容式)、电磁式(即舌簧式)、压电式(即晶体式)等几种,电动式扬声器具有电声性能好、结构牢固、成本低等优点,应用广泛;按频率范围,可分为低频扬声器、中频扬声器、高频扬声器,这些常在音箱中作为组合扬声器使用;按声辐射材料可分为纸盆式、号筒式、膜片式;按纸盆形状,可分为圆形、椭圆形、双纸盆和橡皮折环;按音圈阻抗,可分为低阻抗和高阻抗;按效果,可分为直辐和环境声等。常见扬声器如图 1-21 所示。

图 1-21 常见扬声器

## 2. 开关

开关从机械结构发展到电子式,种类很多,应用十分广泛。它在电子设备中主要用于接通、断开或转换电路。常见的有拨动开关、按钮开关、琴键开关、联动式组合开关、导电橡胶开关、轻触开关、薄膜开关和电子开关等。常见开关的电路符号如图 1-22 所示,开关的实物如图 1-23 所示。

(a) 单刀单掷开关 (b) 常开轻触开关 (c) 常闭轻触开关 (d) 单刀双掷开关

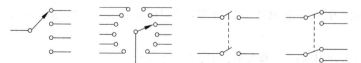

(e) 单刀4掷开关 (f) 单刀12掷开关 (g) 双刀单掷开关 (h) 双刀双掷开关

图 1-22 开关电路符号

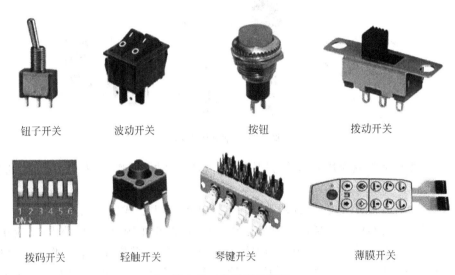

钮子开关　　　波动开关　　　　按钮　　　　拨动开关

拨码开关　　　轻触开关　　　琴键开关　　　薄膜开关

图 1-23　各种开关实物

### 1.1.8　实训 1：常用电子元器件的识别与检测

能够正确识别与检测电子元器件是学好电子工艺课程的基础,利用万用表等仪表仪器对常用电子元器件进行检测是电子制作的前提。

**1. 电阻的识别与检测**

1）实训目的

（1）熟悉各种电阻的基本特性。

（2）掌握电阻器的识别与检测方法。

2）实训器材

（1）数字万用表一只。

（2）各种固定电阻器、电位器若干。

3）实训内容

（1）电阻器型号的识别。

（2）电阻器标称值的判断。

（3）电阻器阻值的测量与质量判断。

4）实训步骤

（1）根据前面介绍的电阻器有关知识,识别电阻器类型、标称阻值及允许误差,填入表 1-28 中。

（2）用万用表测得各电阻的阻值,填入表 1-28 中。

（3）判断电阻的好坏,填入表 1-28 中。

表 1-28　电阻器的识别与检测记录

| 电阻器编号 | 电阻器外观及标志内容 | 识别结果 | | | 实测阻值 | 质量判断 |
|---|---|---|---|---|---|---|
| | | 类型 | 标称阻值 | 允许误差 | | |
| | | | | | | |
| | | | | | | |
| | | | | | | |
| | | | | | | |
| | | | | | | |

检测时的注意事项如下。

(1) 万用表的两表笔插接在正确的插口(红表笔插入标有"Ω"的插口,黑表笔插入标有"COM"的插口)。

(2) 选择合适的电阻量程(量程大于并最接近于测量值)。

(3) 测量之前先把两表笔短接调零,如果短接时有初始电阻,则测量电阻值后要减去初始值。

(4) 测量电阻时不要两手同时接触表笔金属部分。

**2. 电容器的识别与检测**

1) 实训目的

(1) 熟悉各种电容器的基本特性。

(2) 掌握电容器的识别与检测方法。

2) 实训器材

(1) 数字万用表一只。

(2) 各种型号电容器若干。

3) 实训内容

(1) 电容器型号的识别。

(2) 电容器标称电容量的判读。

(3) 电容器容量大小的测量与质量判断。

4) 实训步骤

(1) 根据前面介绍的电容器有关知识,识别电容器类型、标称值及允许误差,填入表 1-29 中。

(2) 用万用表测得各电容的实际容量值,填入表 1-29 中。

(3) 判断电容的极性、好坏,填入表 1-29 中。

表 1-29　电容器的识别与检测记录

| 电容器编号 | 电容器外观及标志内容 | 识别结果 | | | 实测电容量 | 质量判断 |
|---|---|---|---|---|---|---|
| | | 类型 | 标称电容量 | 允许误差 | | |
| | | | | | | |

检测时的注意事项如下。

（1）选用数字万用表的电容挡相应量程进行测量时，要注意电容管脚与测量接口的接触良好。

（2）有极性的电容测量时注意极性。

（3）大电容测量前先将两管脚短接放电。

（4）小电容用万用表电容挡测不了时，可采用测电阻的方式。正常情况下，电容两管脚间的电阻值为无穷大，若电阻接近或等于 0，则电容短路；若为某一数值，则电容器漏电。

（5）测量电容时不要两手同时接触表笔金属部分。

**3. 电感器的识别与检测**

1）实训目的

（1）熟悉各种电感器的基本特性。

（2）掌握电感器的识别与检测方法。

2）实训器材

（1）数字万用表一只、数字电桥一台。

（2）各种型号电感器若干。

3）实训内容

（1）电感器型号的识别。

（2）电感器标称电感量的判读。

（3）电感器电感量、$Q$ 值的测量与质量判断。

4）实训步骤

（1）根据前面介绍的电感器有关知识，识别电感器类型、电感量，填入表 1-30 中。

（2）用数字电桥测得各电感器的实际电感量和 $Q$ 值，填入表 1-30 中。

（3）用数字万用表的电阻挡测电感器的电阻值，填入表 1-30 中。

（4）判断电感器的好坏，填入表 1-30 中。

表 1-30 电感器的识别与检测记录

| 电感器编号 | 电感器外观及类型 | 电感量 | 实测 $Q$ 值 | 实测电阻值 | 质量判断 |
|---|---|---|---|---|---|
|  |  |  |  |  |  |
|  |  |  |  |  |  |
|  |  |  |  |  |  |

检测时的注意事项：用数字万用表的电阻挡测量电感器的电阻值时,要先选用最小挡量程。

**4. 二极管和三极管的识别与检测**

1) 实训目的

(1) 熟悉二极管和三极管的基本特性。

(2) 掌握二极管和三极管的识别与检测方法。

2) 实训器材

(1) 数字万用表一只。

(2) 各种型号二极管和三极管若干。

3) 实训内容

(1) 二极管和三极管的直观识别。

(2) 二极管和三极管标称电容量的判读。

(3) 二极管和三极管容量大小的测量与质量判断。

4) 实训步骤

(1) 根据前面介绍的二极管有关知识,识别二极管名称、型号、引脚极性等,填入表 1-31 中。

(2) 用数字万用表二极管挡量程测量二极管的正向导通压降、反向截止电压,填入表 1-31 中。

(3) 用万用表电阻挡可测二极管的正向、反向电阻,两者差距越大,说明管子性能越好,测量值填入表 1-31 中。

(4) 判断二极管的极性、好坏,填入表 1-31 中。

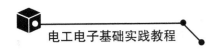

表 1-31    二极管的识别与检测记录

| 二极管编号 | 二极管外观 | 类型 | 引脚极性 | 正向压降 | 反向压降 | 正向电阻 | 反向电阻 | 质量判断 |
|---|---|---|---|---|---|---|---|---|
|  |  |  |  |  |  |  |  |  |
|  |  |  |  |  |  |  |  |  |

（5）根据前面介绍的三极管有关知识，识别三极管名称、型号、引脚、极性等，填入表 1-32 中。

（6）用数字万用表 $h_{FE}$ 挡量程测量三极管的电流放大倍数 $\beta$ 值，填入表 1-32 中。

（7）判断三极管的好坏，填入表 1-32 中。

表 1-32    三极管的识别与检测记录

| 三极管编号 | 三极管外观 | 类型 | 引脚排列 | $\beta$ 值 | 质量判断 |
|---|---|---|---|---|---|
|  |  |  |  |  |  |
|  |  |  |  |  |  |

检测时的注意事项如下。

（1）数字万用表的红表笔对应电源的正极，黑表笔对应电源的负极。

（2）测量三极管 $\beta$ 值时，三极管的管脚插入测量端，要根据管子的极性与管脚号一一对应，且要接触良好。

# 1.2    焊接技术

## 1.2.1    焊接工艺

在无线电整机装配过程中，焊接是一种主要的连接方法。利用加热或其他方法，使两种金属间原子的壳层互起作用（相互扩散），依靠原子间的内聚力使两金属永久牢固结合，这种方法称为焊接。焊接通常分为熔焊、钎焊及接触焊三大类，在无线电整机装配中主要采用钎焊，在钎焊中起连接作用的金属材料称为焊料。作为焊料的金属，其熔点要低于被焊接的金属材料。钎焊按照使用焊料的熔点不同可分为硬焊(焊料熔点高于450℃)和软焊(焊料熔点低于450℃)。

采用锡铅焊料进行焊接的称为锡铅焊,简称锡焊,它是软焊的一种。除了含有大量铬与铝的合金材料不宜采用锡焊外,其他金属材料大多采用锡焊焊接。锡焊方法简便,整修焊点、拆换元器件、重新焊接都不困难,使用简单的工具(电烙铁)即可完成。锡焊还具有成本低、易实现自动化等特点,在无线电整机装配过程中,它是使用最早、适用范围最广和在当前仍占比例最大的一种焊接方法。

随着无线电电子工业的不断发展,近年来焊接技术也有了不少更新和发展。例如,在锡焊方面,出现了使用机器设备的焊接法,如浸焊、波峰焊等。这不仅减轻了装配工人的劳动强度,提高了生产效率,而且能保证焊接质量,减少差错,降低成本。近年来无锡焊接(即不使用焊料和焊剂的焊接法)在无线电整机装配中也得到应用,如压接焊、绕接焊等。无锡焊接也分为机器焊接与手工焊接两种。无锡焊接法适用范围还受到一定条件的限制,尚未普遍采用。本书主要介绍锡铅焊接的基本知识、操作方法与要求。

### 1.2.2 焊接的基本知识

无线电整机装配过程中的焊接,是指将组成产品的各种元器件,通过导线、印制导线或接点等,使用焊接的方法牢固地连接在一起的过程。焊接是无线电整机装配过程中的一个重要环节。要熟悉和掌握焊接技术,首先应了解有关焊接的基本知识。

**1. 焊接技术的重要性**

无线电整机产品焊接点的数量与产品使用的元器件数量有直接关系。使用的元器件越多,焊点也就越多,有些大型的电子设备可多达上百万个焊点,就是装配的小小声光控开关也达几十个焊点,每个焊点的质量都关系着电子产品的成功与否,因此每个焊点都应该具有一定的机械强度和良好的电气性能,为达到这个目的,每位学生都应十分重视焊接的练习,正确地掌握焊接技术要领,学会熟练地进行焊接操作。

**2. 焊接点的形成过程及必要条件**

将加热熔化成液态的锡铅焊料,借助焊剂的作用,溶入被焊接金属材料的缝隙,在焊接物面处,形成金属合金,并使其连接在一起,就得到牢固可靠的焊接点。

熔化的焊锡和被焊接的金属材料相互接触时,如果在接合界面上不存在任何杂质,那么焊锡中锡和铅的任何一种原子会进入被焊接的金属材料的晶格而生成合金。被焊接的金属材料与焊锡生成合金的条件取决于以下几点。

1) 被焊接金属材料应具有良好的可焊性

可焊性是指被焊接的金属材料与焊锡在适当的温度和助焊剂的作用下,形成良好结合的性能。铜是导电性良好和易于焊接的金属材料,常用元器件的引线、导线及接点等多采用铜金属材料制成。除铜外,其他金属如金、银、铁、镍等都能与焊锡中的锡或铅及合金反应形成金属化合物,因此它们也具有一定的可焊性。但它们不是成本高就是导电性能差,所以一般使用较少。

为了便于焊接,常在较难焊接的金属材料和合金上镀上可焊性较好的金属材料。如锡

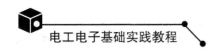
铅合金、金、银、镍等。也可以在焊接时采用较强的有机酸助焊剂,但焊好后要彻底清洗。

2)被焊接金属材料表面要清洁

为使焊接良好,被焊接的金属材料和焊锡应保持清洁接触。金属与空气相接触就要生成氧化膜,轻度氧化膜可通过焊剂来消除。氧化程度严重时,单凭焊剂无法消除,须采用化学(如酸洗)或机械的方法去清洗。

3)助焊剂的使用要适当

助焊剂是一种略带酸性的易溶物质,它在加热熔化时可以溶解被焊接金属物表面上的氧化物和污垢,使焊接界面清洁,并帮助熔化的焊锡流动,从而使焊料与被焊接的金属物牢固地结合。助焊剂的性能一定要适合于被焊接金属材料的焊接性能。适当使用助焊剂能保证焊接质量。

4)焊料的成分与性能要适应焊接要求

焊料的成分及性能应与被焊接金属材料的可焊性、焊接的温度及时间、焊点的机械强度相适应,以达到易焊与焊牢的目的,并应注意焊料中的不纯物对焊接的不良影响。

5)焊接要具有一定的温度

热能是进行焊接不可缺少的条件。在锡焊时,热能的作用是使焊锡向被焊接金属材料扩散并使焊接金属材料上升到焊接温度,以便与焊锡生成金属合金。

6)焊接的时间

焊接的时间是指在焊接全过程中,进行物理和化学变化所需要的时间。它包括被焊接金属材料达到焊接温度时间、焊锡的熔化时间、助焊剂发挥作用及生成金属合金时间几个部分。焊接时间要掌握适当,过长易损坏焊接部位及器件,过短则达不到焊接要求。

**3. 对焊接点的基本要求**

采用焊接的方法进行连接的接点称为焊接点。一个高质量的焊接点不但要具有良好的电气性能和一定的机械强度,还应有一定的光泽和清洁的表面。

1)具有良好的导电性

一个良好的焊接点应是焊料与金属被焊物面互相扩散形成金属化合物,而不是简单地将焊料依附在被焊金属物面上。焊点良好,才能有良好的导电性。

2)具有一定的强度

锡铅焊料主要成分锡和铅这两种金属强度较弱。为了增加强度,在焊接时通常根据需要增大焊接面积,或将被焊接的元器件引线、导线先行网绕、绞合、钩接在接点上,再进行焊接。所以采用锡焊的焊接点,一般都是一个被锡铅焊料包围的接点。

3)焊接点上的焊料要适当

焊接点上的焊料过少,不仅机械强度低,而且表面氧化层逐渐加深,容易导致焊点直白。焊接点上的焊料过多,会浪费焊料,并容易造成接点相碰和掩盖焊接缺陷。正确的焊接点上,焊料使用应适当。

4)焊接点表面应有良好的光泽

良好的焊接点有特殊的光泽和良好的颜色,不应有凸凹不平和颜色及光泽不均的现象。这主要与焊接因素及焊剂的使用有关。如果使用消光剂,则对焊接点的光泽不作要求。

5）焊接点不应有毛刺、空隙

这对高频、高压电子设备极为重要。高频电子设备中高压电路的焊接点如果有毛刺，则易造成尖端放电。

6）焊接点表面要清洁

焊接点表面的污垢，尤其是焊剂的有害残留物质，如不及时清除，会给焊接点带来隐患。

以上介绍的是对焊接点的基本要求。合格的焊接点与焊料、焊剂及焊接工具（如电烙铁）的选用、焊接操作技术、焊接点的清洗都有着直接关系。

### 1.2.3 焊料与焊剂的选用

正确选用焊料与焊剂，是保证焊接质量和做好焊接工作的重要内容，也是焊接人员应具备的一项基础知识，下面分别予以介绍。

**1. 焊料的选用**

要使焊接良好，就必须使用适合于焊接目的与要求的焊料。常用的锡铅焊料由于锡铅的比例及其他金属成分的含量不同分为多种牌号，各种牌号具有不同的焊接特性，要根据焊接点的不同要求去选用。选用的主要依据如下。

1）被焊接金属材料的焊接性能

被焊接金属材料的焊接性能系指金属的可焊性，即被焊接金属在适当的温度和焊剂的作用下，与焊料形成良好合金的性能。锡铅焊料中锡和铅这两种金属，在焊接过程中究竟是哪一种与焊接的金属材料生成合金，这取决于被焊金属材料。铜、镍和银等在焊接时能与焊料中的锡生成锡铜、锡镍与锡银合金。金在焊接中能与焊料中的铅生成铅金合金。也有的金属能与焊料中的锡铅两种金属同时生成合金，达到焊接的目的。由于生成的合金是金属化合物，所以焊料与被焊接金属材料之间有很强的亲和力。

2）焊接温度

不同成分的焊料，其熔点也不相同。在焊接时，焊接的熔点要与焊接温度相适应。焊接温度与被焊接器件和焊剂有直接的关系，即焊接温度最高不能超过被焊接器件、印制线路板焊盘或接点等所能承受的温度，最低要保证焊剂能充分活化起到助焊作用，使焊料与被焊接金属材料形成良好的合金。在选择焊料时，焊接温度是很重要的依据。

3）焊接点的力学性能与导电性能

焊接点的力学性能及导电性与焊料中锡和铅的含量有一定的关系。使用含锡为61%的共晶锡焊料形成的焊接点，其力学性能如抗拉强度、冲击韧性和抗剪强度等都较好。一般焊接点对导电性能要求不严格。由于焊料的电导率远低于金、银、铜甚至铁等其他金属，因此应注意有大电流流经焊接部位时由于焊接点的电阻增大而引起电路电压下降及发热的问题。含锡量较大的焊料，其导电性能较好。

下面介绍几种不同情况下的焊料选用，仅供参考。

焊接电缆护套铅管等，宜选用 68-2 锡铅焊料（HlSnPb68-2）。这种焊料中的铅含量较大，可使焊接部位较柔软、耐酸性能好。焊料有一定量的锑，可增加焊接强度。焊接无线电源器件、安装导线、镀锌钢皮等，可选用 58-2 锡铅焊料（HlSnPb58-2）。这种焊料成本较低，

尚能满足一般焊接点的焊接要求。

　　手工焊接一般焊接点、印制线路板上的焊盘及耐热性能差的元器件和易熔金属制品,选用 39 锡铅焊料(HlSnPb39)。这种焊料熔点低、焊接强度高,焊料的熔化与凝固时间极短,有利于缩短焊接时间。

　　浸焊与波峰焊接印制线路板,一般选用锡铅比为 61∶39 的共晶焊锡。焊接时,随着焊接数量的增多,焊料槽中的锡含量逐渐减少,使焊料熔点增高。此时加入含锡量较大的焊料来调整,使锡铅含料比例恢复正常,保证焊接质量的一致性。要保持锡的含量在 58%~62% 之间,而铜的含量不能超过 0.3%。

　　焊接镀银件要使用含银的锡铅焊料,这样可以减少银膜溶解,使焊接牢靠。如焊接陶瓷器件的渗银层等,就应选用此种焊料。

　　焊接某些对温度十分敏感的元器件材料时,要选用低熔点的焊料,在锡铅中加入铋、镉、锑等元素,即可获得低熔点焊料,实现低温度焊接。

**2. 焊剂的选用**

　　能否正确选用焊剂直接决定着焊接质量的高低。选用焊剂时优先考虑的因素是被焊接金属材料的性能及氧化、污染情况,其他如焊接点的形状、体积等都是次要的因素。下面介绍如何以金属的焊接性能为依据选用焊剂。

　　(1)铂、金、银、铜、锡等金属,焊接性能较强。为减少焊剂对金属材料的腐蚀,在焊接这几种金属时,多使用松香作助焊剂。由于松香块或松香酒精溶液在焊接过程中使用不便,所以在焊接时,尤其是在手工焊接时都采用松香焊锡丝。常用的 HlSnPb39 焊丝就适用于此类金属材料的焊接。

　　带有锡层(镀锡、热浸锡或热浸锡铅焊料)的金属材料也属于焊接性能好的金属,同样适合选用松香系焊剂。

　　(2)铅、黄铜、青铜、铍铜及带有镍层的金属焊接性能较差,如仍使用松香作焊剂,则焊接较为困难。在焊接这几种金属时,应选用有机助焊剂,如常用的中性焊剂或活性焊锡丝。活性焊锡丝的丝芯由盐酸乙胺盐加松香制成,焊接时能减小焊料表面的张力,促进氧化物起还原作用。活性焊锡丝的焊接性能比一般焊锡丝好,最适合用于开关、接插件等热塑性塑料的焊接。需要注意的是焊后要清洗干净。

　　(3)焊接半密封器件,必须选用焊后残留物无腐蚀性的焊剂,以防渗入被焊件内部的焊剂残留物对器件产生不良影响。

　　焊剂的选用还应从焊剂性能对焊接物面的影响,如焊剂的腐蚀性、导电性及焊剂对元器件损坏的可能性等方面考虑。

### 1.2.4　电烙铁的选用

　　电烙铁是手工焊接的基本工具,是根据电流通过发热元件产生热量的原理制成的。合理选择和使用电烙铁,是保证焊接质量的基础。手工焊接在当前无线电整机装配中仍占有相当大的比例,因此需要了解电烙铁的选用原则。

**1．电烙铁的种类**

根据用途和结构的不同，可将电烙铁分为多种类型。

1）外热式电烙铁

由烙铁头、烙铁心、外壳、木柄、电源引线、插头等部分组成。由于烙铁头安装在烙铁心里面，故称为外热式电烙铁。烙铁心是电烙铁的关键部件，它是将电热丝平行地绕制在一根空心瓷管上构成的，中间的云母片绝缘，并引出两根导线与220V交流电源连接。外热式电烙铁的规格很多，常用的有25W、45W、75W、100W等，功率越大烙铁头的温度也就越高。

烙铁心的功率规格不同，其内阻也不同。25W烙铁的阻值约为2kΩ，45W烙铁的阻值约为1kΩ，75W烙铁的阻值约为0.6kΩ，100W烙铁的阻值约为0.5kΩ。烙铁头是用紫铜材料制成的，它的作用是储存热量和传导热量，它的温度必须比被焊接的温度高很多。

烙铁的温度与烙铁头的体积、形状、长短等都有一定的关系。当烙铁头的体积比较大时，则保持时间就长些。另外，为适应不同焊接物的要求，烙铁头的形状有所不同，常见的有锥形、凿形、圆斜面形等。

2）内热式电烙铁

由手柄、连接杆、弹簧夹、烙铁心、烙铁头组成。由于烙铁心安装在烙铁头里面，因而发热快，热利用率高，因此，称其为内热式电烙铁。内热式电烙铁的后端是空心的，用于套接在连接杆上，并且用弹簧夹固定，当需要更换烙铁头时，必须先将弹簧夹退出，同时用钳子夹住烙铁头的前端，慢慢地拔出，切记不能用力过猛，以免损坏连接杆。

内热式电烙铁的烙铁心是用比较细的镍铬电阻丝绕在瓷管上制成的，其电阻为2.5kΩ左右（20W）。

由于内热式电烙铁有升温快、重量轻、耗电省、体积小、热效率高的特点，因而得到了普通的应用。

3）恒温电烙铁

由于恒温电烙铁头内装有带磁铁式的温度控制器，控制通电时间而实现温控，即给电烙铁通电时，烙铁的温度上升，当达到预定的温度时，因强磁体传感器达到了居里点而磁性消失，从而使磁心触点断开，这时便停止向电烙铁供电；当温度低于强磁体传感器的居里点时，强磁体便恢复磁性，并吸动磁心开关中的永久磁铁，使控制开关的触点接通，继续向电烙铁供电。如此循环往复，便达到了控制温度的目的。

4）吸锡电烙铁

吸锡电烙铁是将活塞式吸锡器与电烙铁融为一体的拆焊工具。它具有使用方便、灵活、适用范围宽等特点。这种吸锡电烙铁的不足之处是每次只能对一个焊点进行拆焊。

以上4类电烙铁的外形如图1-24所示。

**2．电烙铁的选用**

电烙铁的种类及规格有很多种，而且被焊工件的大小又有所不同，因而合理地选用电烙铁的功率及种类，对提高焊接质量和效率有直接的关系。选用电烙铁时，可以从以下几个方面进行考虑。

（1）焊接集成电路、晶体管及受热易损元器件时，应选用20W内热式电烙铁或25W外

图 1-24　常见电烙铁

热式电烙铁。

（2）焊接导线及同轴电缆时，应选用 45～75W 外热式电烙铁或 50W 内热式电烙铁。

（3）焊接较大的元器件时，如行输出变压器的引线脚、大电解电容器的引线脚、金属底盘接地焊片等，应选用 100W 以上的电烙铁。

电烙铁的选用如表 1-33 所示。

表 1-33　电烙铁的选用

| 电烙铁及功率 | 烙铁头温度/℃ | 适 用 场 合 |
| --- | --- | --- |
| 20W 内热式、30W 外热式、恒温式 | 300～400 | 一般印制板焊盘、元器件、导线 |
| 20W 内热式、恒温式 | 350～400 | 集成电路、维修调试一般电子产品 |
| 35～50W 内热式、50～75W 外热式、恒温式 | 350～450 | 焊片、电位器、大功率管、大电阻、大电解电容、热敏电阻 |
| 100W 内热式、150～200W 外热式 | 400～550 | 散热片、8W 以上的电阻器、2A 以上的导线、接线柱 |

### 3. 烙铁头的选择

选择正确的烙铁头尺寸和形状是非常重要的，选择合适的烙铁头能使工作更有效率并且能增加烙铁头的耐用程度。烙铁头的大小与热容量有直接关系，烙铁头越大，热容量相对越大，烙铁头越小，热容量也越小。进行连续焊接时，使用越大的烙铁头，温度跌幅越少。此外，因为大烙铁头的热容量高，焊接的时候能够使用比较低的温度，烙铁头就不易氧化，增加它的寿命。一般来说，烙铁头尺寸以不影响邻近元件为标准。选择能够与焊点充分接触的几何尺寸能提高焊接效率。常用的烙铁头有尖形、圆锥形、斜面形、锥形、凿形等，如图 1-25 所示。

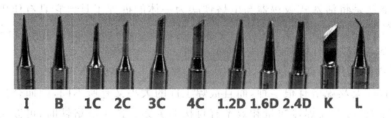

**I　B　1C　2C　3C　4C　1.2D　1.6D　2.4D　K　L**

图 1-25　常用烙铁头的外形

1）Ⅰ型（尖形）

特点：烙铁头尖端幼细。

应用范围：适合精细的焊接，或焊接空间狭小的情况，也可以修正焊接芯片时产生的锡桥。

2）B型（圆锥形）

特点：B型烙铁头无方向性，整个烙铁头前端均可进行焊接。

应用范围：适合一般焊接，无论大小焊点，均可使用B型烙铁头。

3）C型（斜切圆柱形）

特点：用烙铁头前端斜面部分进行焊接，适合需要多锡量的焊接。

应用范围：C型烙铁头应用范围与D型烙铁头相似，如焊接面积大、粗端子、焊点大的情况适用。0.5C、1C、1.5CF等烙铁头非常精细，适用于焊接细小元件，或修正表面焊接时产生的锡桥、锡柱等。如果焊接只需少量焊锡的话，使用只在斜面有镀锡的CF型烙铁头比较适合。2C、3C型烙铁头适合焊接电阻、二极管之类的元件，齿距较大的SOP及QFP也可以使用。4C型烙铁头适用于粗大的端子以及电路板上的接地。电源部分等需要较大热量的焊接场合。

4）D型（一字批嘴形）

特点：用批嘴部分进行焊接。

应用范围：适合需要多锡量的焊接，如焊接面积大、粗端子、焊点大的焊接环境。

5）K型（刀形）

特点：使用刀形部分焊接，竖立式或拉焊式焊接均可，属于多用途烙铁头。

应用范围：适用于SOJ、PLCC、SOP、QFP、电源、接地部分元件、修正锡桥以及连接器等焊接。

**4. 电烙铁的使用要求**

（1）新烙铁在使用前的处理。一把新烙铁不能拿来就用，必须先对烙铁头进行处理后才能正常使用，也就是说，在使用前先给烙铁头镀上一层焊锡。具体方法是：首先用锉刀把烙铁头按需要锉成一定的形状，然后接上电源，当烙铁头温度升至能熔化松香时，将松香涂在烙铁头上，等松香冒烟后再涂上一层焊锡，使烙铁头易吃锡。使用一段时间后，烙铁头的刃面及其周围就要产生一层氧化层，这样便产生"吃锡"困难的现象，此时可锉去氧化层，重新镀上焊锡。

（2）烙铁头长度的调整。焊接集成电路与晶体管时，烙铁头的温度不能太高，且时间不能过长，此时便可将烙铁头插在烙铁心上的长度进行适当调整，进而控制烙铁头的温度。

（3）烙铁头有直头和弯头两种，当采用握笔法时，直头电烙铁使用起来比较灵活。适合在元器件较多的电路中进行焊接。弯头电烙铁用正握法比较合适，多用于线路板垂直桌面情况下的焊接。

（4）电烙铁不易长时间通电而不使用，因为这样容易使电烙铁心加速氧化而烧断，同时将使烙铁头因长时间加热而氧化，甚至被烧"死"不再"吃锡"。

（5）更换烙铁心时要注意引线不要接错，因为电烙铁有3个接线柱，而其中一个是接地的，另外两个是接烙铁心两根引线的（这两个接线柱通过电源线，直接与220V交流电源相接）。如果将 220V 交流电源线错接到接地线的接线柱上，则电烙铁外壳就要带电，被焊件也要带电，这样就会发生触电事故。

### 1.2.5 手工焊接

手工焊接是锡铅焊接技术的基础。它适用于一般结构的无线电整机产品，也适用于小批量生产的小型化产品。具有特殊要求的高可靠产品，如军工产品，目前也还采用手工焊接。手工焊接还适用于某些不便使用机器焊接的复杂多变的线路结构，以及对温度敏感的元器件和调试及维修中需要更换调整的元器件及线材等。即使是像印制线路板结构这样的小型化大批量、使用机器焊接的产品，也还有一定数量的焊接点需要手工补焊。所以，在目前还没有一种焊接方法可以完全代替手工焊接。每一位电类专业学生必须学好手工焊接这项基础技能。

**1. 手工焊接的正确操作姿势**

焊剂加热挥发出的化学物质对人体是有害的，如果操作时鼻子距离烙铁头太近，则很容易将有害气体吸入。一般烙铁离开鼻子的距离应不小于 30cm，通常以 40cm 为宜。

1）电烙铁握法

通常，电烙铁的握法有正握法、反握法和握笔法 3 种，如图 1-26 所示。

反握法动作稳定，长时间操作不易疲劳，适于大功率烙铁操作。正握法适于中等功率烙铁或带弯头电烙铁的操作。一般在操作台上焊印制板等焊件时多采用笔握法。

2）焊锡丝的拿法

焊锡丝一般有两种拿法，如图 1-27 所示。焊接时可将成卷的焊锡丝拉直 30cm 左右，或者截成 30cm 左右，用左手的拇指和食指轻轻捏住焊锡丝，端头留出 3～5cm，借助其他手指的配合把焊锡丝向前送进。

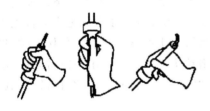
(a) 正握法　(b) 反握法　(c) 笔握法

图 1-26　电烙铁的握法

(a) 连续焊接　　(b) 断续焊接

图 1-27　焊锡丝的拿法

**2. 焊接前的准备**

选用 20W 的内热式或 30W 的外热式、恒温式电烙铁。电烙铁在通电前应首先检查外观，看其各部分是否完好。接着，用万用表电阻挡测量电源线插头的两端，看其是否有开路或短路现象。需要注意，电源线绝缘层不应有损坏现象。经检查一切正常后，即可通电加温备用。如果是新烙铁或新更换了烙铁头，或者是经过一段长时间的使用，已有腐蚀损伤或严重氧化现象的，要先用锉刀把烙铁头按需要的角度锉好，去掉损坏部分及氧化层之后再搪锡备用。

**3. 焊接步骤**

一般接点的焊接,宜使用带松香的管形焊锡丝。操作时要一手拿焊锡丝,一手拿烙铁。其步骤如图 1-28 所示。

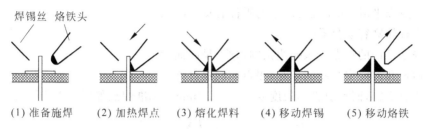

图 1-28 手工焊接步骤

(1) 清洁烙铁头。焊接前要先将烙铁头放在松香或湿碎布上擦洗,以擦掉烙铁头上的氧化物及污物,并借此观察烙铁头的温度是否适宜。在焊接过程中烙铁头上出现氧化物及污物时也应随时清洗。

(2) 加热焊接点。将烙铁头放置在焊接点上,使焊接点升温。如果烙铁头上带有少量焊料(可在清洁烙铁头时带上),可以使烙铁头的热量较快传到焊接点上。

(3) 熔化焊料。在焊接点达到适当温度时,应及时将焊锡丝放置到焊接点上熔化。

(4) 移动烙铁头,拿开焊锡丝,在焊接点上的焊料开始熔化后,应将依附在焊接点上的烙铁头根据焊接点的形状移动,以使熔化的焊料在焊剂的帮助下流布接点,并渗入被焊物面的缝隙。在焊接点上的焊料适量后,应拿开焊锡丝。

(5) 拿开电烙铁。在焊接点上的焊料接近饱满,焊剂尚未完全挥发,也就是焊接点上的温度最适当,焊锡最光亮,流动性最强的时刻,迅速拿开电烙铁。正确的方法是:烙铁头沿焊接点水平方向移动,在将要离开焊接点时,快速往回带一下,然后迅速离开焊接点。这样才能保证焊接点的光亮、圆滑、不出毛刺。

这就是手工焊接的五步法,具有普遍性。以上过程对一般焊点而言时间为 2~3s,因此各步骤之间的停留时间对保证焊接的质量至关重要,只有通过实践才能逐步掌握。

**4. 焊接注意事项**

在焊接过程中,除应严格按照焊接步骤操作外,还应注意以下几个方面。

(1) 焊铁头的温度要适当。一般松香熔化较快又不冒烟时的温度较为适宜。

(2) 焊接的时间要适当。从加热焊接点到焊料熔化并流满焊接点,一般应在几秒钟内完成。

(3) 焊料和焊剂使用要适量。

(4) 防止焊接点上的焊锡任意流动,在焊接操作上,开始时焊料要少些,待焊料流入焊接点空隙后再补充焊料,并迅速完成焊接。

(5) 焊接过程中不要触动焊接点;否则焊接点要变形,出现虚焊现象。

(6) 不应烫伤周围的元器件及导线。

(7) 及时做好焊接后的清除工作,焊接完毕后,应将剪掉的导线及焊接时掉下的锡渣等及时清除,防止落入产品内带来隐患。

**5. 焊点质量评定**

1) 标准的焊点

(1) 锡点面平滑、光泽且与焊接的零件有良好的润湿。

(2) 零件轮廓容易分辨。

(3) 焊接部件的焊点有顺畅边接的边缘,呈凹面状。

(4) 通透孔被锡完全浸润填充,锡点面润锡良好。

(5) 要有引脚,而且引脚的长度要为1~1.2mm。标准焊点如图1-29所示。

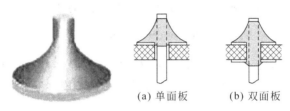

(a) 单面板　　　(b) 双面板

图1-29　标准的焊点

2) 不标准的焊点

(1) 虚焊。看似焊住其实没有焊住,主要由焊盘与引脚脏污或助焊剂和加热时间不够造成。

(2) 短路。引脚间被多余的焊锡粘连,或残余锡渣使引脚与引脚短路。

(3) 少锡。焊锡点太薄,不能将元件、焊盘充分覆盖,影响连接的牢固度。

(4) 多锡。元件引脚完全被覆盖,看不见引脚是否引出,不能确定电气连接情况。

(5) 空隙。焊点表面有气泡、针孔,容易引起虚焊。

(6) 锡尖。焊点表面有突起,呈线状尖角,主要由电烙铁移除速度和焊料太多引起。

(7) 引脚太长、太短。各种不标准焊点如图1-30所示。

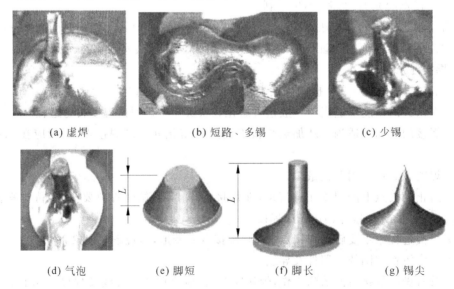

(a) 虚焊　　　　　　(b) 短路、多锡　　　　　　(c) 少锡

(d) 气泡　　　(e) 脚短　　　(f) 脚长　　　(g) 锡尖

图1-30　不标准的焊点

**6. 导线的安装焊接**

1）导线同接线端子的焊接

（1）绕焊。把经过上锡的导线端头在接线端子上缠上一圈,用钳子拉紧缠牢后进行焊接。如图1-31(a)、(b)所示。注意导线一定要紧贴端子,一般 $L=1\sim3$mm 为宜。该连接可靠性好。

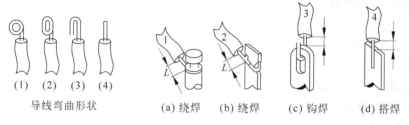

导线弯曲形状　　　(a) 绕焊　　(b) 绕焊　　(c) 钩焊　　(d) 搭焊

图 1-31　导线与接线端子的焊接方法

（2）钩焊。把经过上锡的导线端头弯成钩形,钩在接线端子上并用钳子夹紧后施焊,如图1-31(c)所示。端头处理与绕焊相同,这种方法强度低于绕焊,但操作简便。

（3）搭焊。把经过上锡的导线端头搭在接线端子上施焊,如图1-31(d)所示,这种连接最方便,但强度可靠性最差,仅用于临时连接或不便于缠与钩的地方及某些接插件上。

2）导线与导线的焊接

导线之间的连接以绕为主,如图1-32所示。

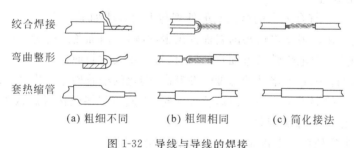

绞合焊接

弯曲整形

套热缩管

　　(a) 粗细不同　　　　(b) 粗细相同　　　　(c) 简化接法

图 1-32　导线与导线的焊接

## 1.2.6　实训2：手工焊接技术

能够熟练掌握手工焊接技术,能在印制电路板上焊接电子元器件,焊点标准可靠,也能进行导线与导线、接线柱的焊接,并能正确拆焊。

**1. 实训目的**

（1）了解电烙铁的结构与手工焊接姿势。

（2）熟悉手工焊接的步骤、要领、焊点标准。

（3）学会烙铁头的选用与上锡方法。

（4）掌握手工焊接、拆焊技能。

**2．实训器材**

（1）带烙铁架的电烙铁一把，镊子、剪刀各一把。

（2）数字万用表一只。

（3）焊锡丝、松香若干。

（4）练习用印制电路板两块。

（5）导线、元器件若干。

**3．实训内容**

（1）电烙铁的检测。

（2）烙铁头的清理。

（3）元器件的插装与焊接。

（4）元器件的拆焊。

（5）导线间的焊接。

**4．实训步骤**

1）电烙铁的检测

拿到电烙铁，先进行外观检查：电源线绝缘是否完好，如有绝缘破损要用绝缘胶带处理，以防电源短路；烙铁头与烙铁身连接是否牢固，长短是否合适。

再用万用表的电阻挡进行测量，好的电烙铁可以测得几千欧电阻值，如测得电阻为 0 或无穷，则说明烙铁心损坏或接线有问题，做相应处理后才可使用。

2）烙铁头的处理

对新烙铁头或不符合要求的烙铁头的处理与上锡方法如下。

（1）锉斜面。用锉刀将烙铁头的斜面锉出铜的颜色，斜面角度应为 30°～45°。

（2）通电加热。对电烙铁通电加热的同时，将烙铁头的斜面接触松香。

（3）涂助焊剂。随着电烙铁的温度逐渐升高，熔化的松香便涂在烙铁头的斜面上。

（4）上焊料。等温度上升到可以熔化焊料时，迅速将焊锡丝接触烙铁头的斜面，一定时间后，焊锡丝熔化，斜面涂满焊料。

至此，烙铁头的处理与上锡完成，可以进行焊接工作了。

3）拆焊电路板

把带元件的旧电路板上的元器件拆焊下来，不损坏元件和焊盘。把拆好的印制板清理干净。

4）元器件的插装与焊接

（1）认真检查印制电路板上的每一个焊盘是否已被氧化，如氧化则需清除氧化层。

（2）除去元器件引脚上的氧化层，再对元件引脚进行弯曲加工，以便元器件保持最佳的力学性能。

（3）将处理好的元器件插装到印制板上进行焊接，焊接顺序遵循先焊小后焊大、先里后外、先低后高。

（4）焊完，需认真检查每个焊点，并将印制板上多余的焊料、助焊剂去除。

（5）剪去多余引脚。

5）导线的焊接

（1）同直径的单股导线间的焊接。

（2）不同直径的单股导线间的焊接。

（3）多股线间的焊接。

6）手工焊接技能测评

手工焊接技能测评标准如表 1-34 所示。

表 1-34　手工焊接技能测评表

| 焊接分类 | 拆　焊 | 印制板的焊接 | 导线间的焊接 |
|---|---|---|---|
| 要求 | 把旧电路板上的元件拆除,不损坏元件与焊盘,损坏一个扣 1 分 | 共焊接 40 个焊点,每个焊点 2 分,不符合标准焊点的扣分 | 作焊锡量、焊点形状的评判 |
| 占分 | 10 分 | 80 分 | 10 分 |

# 1.3　电子装配工艺

## 1.3.1　工艺文件

工艺文件是根据设计文件、图纸及生产定型样机,结合工厂实际(如工艺流程、工艺装备、工人技术水平和产品的复杂程度)而制定出来的文件。它以工艺规程(即通用工艺文件)和整机工艺文件的形式,规定了实现设计图纸要求的具体加工方法。

工艺文件是指将组织生产实现工艺流程、方法、手段及标准用文字及图表的形式来表示,用来指导产品制造过程的一切生产活动,使之纳入规范有序的轨道;是指导生产操作,编制生产计划,调动劳动组织,安排物资供应,进行技术检验、工装设计与制造、工具管理、经济核算等的依据。

工艺文件要做到正确、完整、一致、清晰,能切实指导生产,保证生产稳定进行,是产品制造过程中的法规。它是带强制性的纪律性文件,不允许用口头的形式来表达,必须采用规范的书面形式,任何人不得随意修改,违反工艺文件属违纪行为。

**1. 工艺文件的作用**

（1）组织生产,建立正常的生产秩序。

（2）指导技术,保证产品质量。

（3）编制生产计划,考核工时定额。

（4）调整劳动组织。

（5）安排物资供应。

（6）工具、工装和模具管理。

（7）经济考核的依据。

（8）巩固工艺纪律。

（9）产品转厂生产时的交换资料。

（10）各厂之间进行资料交流。

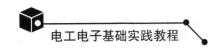

**2．工艺文件的编制方法**

编制工艺文件应以保证产品质量、稳定生产为原则，可按以下方法进行。

（1）首先需仔细分析设计文件的技术条件、技术说明、原理图、安装图、接线图、线扎图及有关的零部件图等，将这些图中的安装关系与焊接要求仔细弄清楚。

（2）编制时先考虑准备工序，如各种导线的加工处理、线把扎制、地线成形、器件焊接浸锡、各种组合件的装焊、电缆制作、印标记等，编制出准备工序的工艺文件。

（3）接下来考虑总装的流水线工序，先确定每个工序的工时，然后确定需要用几个工序，要仔细考虑流水线各工序的平衡性。

（4）编制工艺文件的要求如下。

① 编制的工艺文件要做到准确、简明、统一、协调，并注意吸收先进技术，选择科学、可行、经济效果最佳的工艺方案。

② 工艺文件中所采用的名词、术语、代号、计量单位要符合现行国标或部标规定。

③ 工艺附图要按比例绘制，并注明完成工艺过程所需要的数据（如尺寸等）和技术要求。

④ 尽量引用部颁通用技术条件和工艺细则及企业的标准工艺规程。

⑤ 易损或用于调整的零件、元器件要有一定的备件。

⑥ 编制关键件、关键工序及重要零部件的工艺规程时，要指出准备内容、装联方法。

**3．工艺文件的格式及填写方法**

工艺文件格式是按照工艺技术和管理要求规定的工艺文件栏目的形式编排的。为保证产品生产的顺利进行，应该保证工艺文件的成套性。常用的工艺文件的格式及填写方法如下。

（1）工艺文件封面。工艺文件封面用于工艺文件的装订成册，简单产品的工艺文件可按整机装订成册，复杂产品可按分机单元装订成若干册。在工艺文件封面上可以看到产品型号、名称、图号、文件的主要内容、册数、页数以及填写批准日期、执行批准手续等。

（2）工艺文件目录。工艺文件目录供工艺文件装订成册用，是文件配齐成套归档的依据。可以查阅每一组件、部件、零件所具有的各种工艺名称、页数、装订的册次。

（3）配套明细表。配套明细表供有关部门在配套及领、发料时使用。它反映部件、整件装配时所需用的各种材料及其数量。在此表中可以看到一个整件或部件是由哪些元器件和结构件构成的。

（4）工艺路线表。工艺路线表用于产品生产的安排和调度，反映产品由毛坯准备到成品包装的整个工艺过程，在此表中可以看到产品的零件、部件、组件等由毛坯准备到成品包装的过程，在工厂内顺序流经的部门及各部门所承担的工序，并列出零件、部件、组件的装入关系内容。

（5）导线及线扎加工表。导线及线扎加工表用于导线和线扎的加工准备及排线等，表中列出为整件产品或分机内部的电路连接所准备的各种各样的线缆用品。从表中可以看到导线的剥头尺寸、焊接去向等内容。

（6）装配工艺过程卡。装配工艺过程卡（又称工艺作业指导卡）用于整机装配的准备、装联、调试、检验、包装入库等装配全过程，一般直接用在流水线上，以指导工人操作。

（7）装配工艺过程。说明整件的机械性装配、电气连接的装配工艺全过程。在组装工艺过程中，可以看到具体器件的装配步骤与工装设备等内容。

（8）工艺说明及简图卡。工艺说明及简图卡用于编制重要、复杂的或在其他格式上难以表述清楚的工艺。它用简图、流程图、表格及文字形式进行说明，可用来编写调试说明、检验要求和各种典型工艺文件等。

### 1.3.2　电子设备组装工艺

**1. 组装概述**

电子设备的组装是将各种电子元器件、机电元件及结构件，按照设计要求，装接在规定的位置上，组成具有一定功能的完整的电子产品的过程。

1）电子设备的组装内容

（1）单元电路的划分。

（2）元器件的布局。

（3）各种元件、部件、结构件的安装。

（4）整机联装。

2）电子设备组装级别

在组装过程中，根据组装单位的大小、尺寸、复杂程度和特点的不同，将电子设备的组装分成不同的等级。电子设备的组装级别如表1-35所示。

表1-35　电子设备的组装级别

| 组装级别 | 特　　　点 |
| --- | --- |
| 第1级（元件级） | 组装级别最低，结构不可分割。主要为通用电路元件、分立元件、集成电路等 |
| 第2级（插件级） | 用于组装和互连第1级元器件，如装有元器件的电路板及插件 |
| 第3级（插箱板级） | 用于安装和互连第2级组装的插件或印制电路板部件 |
| 第4级（箱柜级） | 通过电缆及连接器互连第2、3级组装，构成独立的有一定功能的设备 |

注：1. 在不同的等级上进行组装时，构件的含义会改变。例如，组装印制电路板时，电阻器、电容器、晶体管等元器件是组装构件，而组装设备的底板时，印制电路板则为组装构件。

　　2. 对于某个具体的电子设备，不一定各组装级都具备，而是要根据具体情况来考虑应用到哪一级。

**2. 组装特点与方法**

1）组装特点

（1）组装工作由多种基本技术构成，如元器件的筛选与引线成形技术、线材加工处理技术、焊接技术、安装技术、质量检验技术等。

（2）装配质量在多数情况下难以定量分析，如对于刻度盘、旋钮等装配质量多以手感和目测来鉴定和判断。因此，掌握正确的安装工操作是十分必要的。

（3）装配者必须进行训练或挑选，否则由于知识缺乏和技术水平不高，就可能产生次品。而且一旦混入次品，就不可能百分之百地被检查出来。

2）组装方法

电子设备的组装不但要按一定的方案进行，而且在组装过程中也有不同的方法可供采

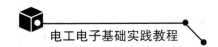

用,具体方法如下。

（1）功能法。功能法是将电子设备的一部分放在一个完整的结构部件里,去完成某种功能的方法。此方法广泛应用在真空器件的设备上,也适用于以分立元件为主的产品或终端功能部件上。

（2）组件法。这种方法是制造在外形尺寸和安装尺寸都有统一规格的各种组件,可统一电气安装工作,提高安装规范化,这种方法大多用于组装以集成器件为主的设备。

（3）功能组件法。这是兼顾功能法与组件法的特点,制作出既保证功能完整性又有规范化的结构尺寸的组件。

**3．组装技术的发展**

随着新材料、新器件的大量涌现,必然会促进组装工艺技术有新的进展。目前,电子产品组装技术的发展具有以下特点。

（1）连接工艺的多样化。在电子产品中,实现电气连接的工艺主要是手工和机器焊接。但如今,除焊接外,压接、绕接、胶接等连接工艺也越来越受到重视。压接可用于高密度接线端子的连接,如金属或非金属零件的连接,采用导电胶也可实现电气连接。

（2）连接设备的改进。采用手动、电动、气动成形机或集成电路引线成形模具等小巧、精密、专用的工具与设备,使组装质量有了可靠的保证。采用专用剥线钳或自动剥线捻线机来对导线端头进行处理,可克服伤线和断线等缺陷。采用结构小巧、温度可控的小型焊料槽或超声波搪锡机,提高了搪锡质量,同时也改善了工作环境。

（3）检测技术的自动化。采用可焊接性测试来对焊接质量进行自动化检测,它预先测定引线可焊接性水平,达到要求的元器件才能够安装焊接。采用计算机控制的在线测试仪对电气连接的检查,可以根据预先设置的程序,快速、正确地判断连接的正确性和装连后元器件参数的变化。避免人工检查效率低、容易出现错检或漏检的缺点。采用计算机辅助测试（CAT）来进行整机测试,测试用的仪器仪表已大量使用高精度、数字化、智能化产品,使测试精度和速度大大提高。

（4）新工艺、新技术的应用。目前的焊接材料方面,采用活性氢化松香焊丝代替传统使用的普通松香焊丝;在波峰焊和搪锡方面,使用了高氧化焊料;在表面防护处理上,采用喷涂 501-3 聚氨酯绝缘清漆及其他绝缘清漆工艺;在连接方面,使用氟塑料绝缘导线、镀膜导线等新型连接导线,这些对提高电子产品的可靠性和质量起了极大的作用。

**4．整机装配工艺过程**

整机组装的过程因设备的种类、规模不同,其构成也有所不同,但基本过程大同小异,具体如下。

（1）准备。装配前对所有装配件、紧固件等从配套数量和质量合格两个方面进行检查和准备,同时做好整机装配及调试的准备工作。在该过程中,元器件分类是极其重要的。处理好这一工作是避免出错和迅速装配高质量产品的首要条件。在大批量生产时,一般多用流水作业法进行装配,元器件的分类也应落实到各装配工序。

（2）安装焊接。包括各种部件的安装、焊接等内容,包括即将介绍的各种工艺,都应在装连环节中加以实施应用。

（3）调试。调试整机包括调试和测试两部分,各类电子整机在总装完成后,一般最后都要经过调试,才能达到规定的技术指标要求。

（4）检验。整机检验应遵照产品标准（或技术条件）规定的内容进行。通常有生产过程中生产车间的交收实验、新产品的定性产品的定期实验（又称例行实验）。其中例行实验的目的,主要是考核产品质量和性能是否稳定正常。

（5）包装。包装是电子产品总装过程中保护和送货产品及促进销售的环节。电子产品的包装,通常着重于方便运输和储存两个方面。

（6）入库。入库或出产合格的电子产品经过合格的论证,就可以入库储存或直接出厂,从而完成整个总装过程。

### 1.3.3 印制电路板的插装

**1. 元器件加工（成形）**

1）元器件安装方法

成形元器件的安装方式分为卧式和立式两种。卧式安装美观、牢固、散热条件好、检查辨认方便;立式安装节省空间、结构紧凑,只在电路板安装面积受限不得已时采用,有些元器件本来就是直插型的另当别论。

集成电路的引脚一般用专用设备成形,双列直插式集成电路引脚之间的距离也可利用平整桌面或抽屉边缘,手工操作来调整。

2）元器件引脚成形的要求

（1）成形尺寸准确,形状符合要求,以便后续的插入工序能顺利进行。

（2）成形后的元器件标注面应朝上、朝外,使得整机美观,便于检修。

（3）成形时不能损坏元器件、刮伤引脚的表面镀层,当引脚受到轴向拉力和额外的扭力时,弯折点离引脚根部要保持一定距离。

3）元器件引脚成形的方法

可以采用模具手工成形或专用设备成形。引脚成形的模具加工元器件的引脚一致性好,现在有些工厂已采用专用设备,这种专用设备比手工模具成形的生产效率高,但成本也高。对于有些元器件的引脚成形不使用模具时,可以用尖嘴钳加工。元器件成形的方式如图1-33所示。

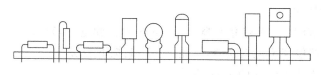

图1-33 元器件引脚成形

**2. 元器件装配标准**

1）电阻的装配标准

（1）电阻是无极性元件,装插时两引脚可以任意调换。但使用数字标识的电阻器时,在插件组装时应使数字朝上,这样易被检查和维护。

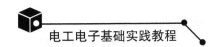 

（2）对于 1/8W 或 1/4W 碳膜电阻，除要求特殊装配外，都要卧插到底。

（3）经装配后，不论是电阻的引脚还是基体，都不得与其他元件相碰。

（4）除工艺上要求特殊装配的以外，都要卧插到底，元件两端离印制板的高度及其高度差应满足：$b \leqslant 1mm$，$a - b \leqslant 1mm$，如图 1-34 所示。

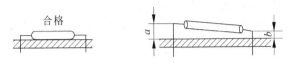

图 1-34　电阻插装方式

（5）成形时折弯处离元件根部的距离应不小于 2mm，不能齐根折弯。

（6）电阻的功率指电阻允许使用的环境温度，当环境的温度高于电阻允许使用的温度时，容易造成电阻损坏；对大功率电阻，必须高插，以保证电阻有足够的散热空间。对 1/2W 电阻，$5mm \leqslant d \leqslant 10mm$；对 1/2W 以上的电阻，$7mm \leqslant d \leqslant 10mm$，$a - b \leqslant 1mm$，引脚有成形的应插至成形位置且基体与板平行；元件偏离基准位置的歪斜度应满足 $\theta \leqslant 30°$，如图 1-35 所示。

图 1-35　大功率电阻的插装方式

2）光线的装配标准

（1）光线应预成形，插件时取用等跨距光线。

（2）插件要求：$a \leqslant 1.5mm$，$b \leqslant 0mm$，如图 1-36 所示。

图 1-36　光线装配方式

3）电容的装配标准

（1）高插高度应满足：对瓷介电容，$h \leqslant 5mm$；对薄膜电容，$h \leqslant 7mm$。

（2）引脚根部绝缘层不能有裂缝，不能降到印制板下表层。

（3）歪斜应不大于 30°，如图 1-37 所示。

图 1-37　电容装配方式 1

（4）元件跨距与印制板上插孔间距不一致时，应预成形，并插至成形处。

（5）预成形应满足图1-38所示要求：$a \geq 2\phi$，$\phi$为引线直径。

图 1-38　电容装配方式 2

（6）钽电容插件要求同瓷介电容，但要注意极性。

（7）电解电容的插件要求：$\phi \geq 10$mm 的电容应紧贴印制板；$\phi < 10$mm 的电容 $h$ 应满足 $h \leq 7$mm；歪斜 $\theta \leq 30°$，如图1-39所示。

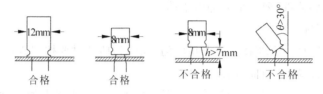

图 1-39　电容装配方式 3

4）电感与变压器的装配标准

（1）电感在一般用途下没有方向性，但有时为防止干扰和线性补偿等问题，会规定绕组方向，插件时要按规定进行，通常用一个色点表示。

（2）其他装配要求同小功率电阻元件。

（3）插件要求：一定要插到位，不要与 PCB 板之间有间隙，方向按规定。

（4）变压器磁心有松动、破损均为不合格，不能投入使用。

5）二极管的装配标准

（1）卧插到底，元件两端离印制板的高度及其高度差应满足：$b \leq 1$mm，$a - b \leq 1$mm。

（2）成形时折弯处离元件根部的距离 $C \geq 2$mm，且不能齐根折弯，如图1-40所示。

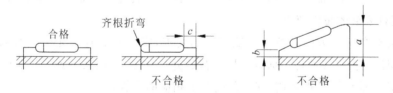

图 1-40　二极管的装配方式

6）三极管的装配标准

（1）元件脚不能齐根折弯。

（2）不能歪斜，且高插 $h$ 应满足 $h \leq 8$mm。正确视图如图1-41所示。

7）集成块的装配标准

（1）拿 IC 时，不允许抓 IC 引脚，必要时需使用防静电真空吸笔、IC 插拔器等工具。

（2）方向应按图标识插件。一般 IC 下方有一圆点标记的为第一个引脚。

（3）要插到位，对个别 IC 脚歪时，应先用 IC 整形工装进行矫正后再插件，保证每个引脚都插到位。

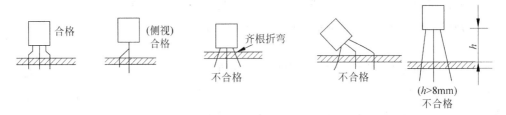

图 1-41 三极管的装配方式

（4）属静电敏感器件，要采取防静电措施。

8）插座的装配标准

（1）一般有方向性，在 PCB 板上有相应的形状图，插件时要按照规定方向装插。

（2）要求端针无缺失、扭曲，高度一致。

（3）插件。由于插座在整机装配或维修插、拔时要承受相当大的力，所以必须严格保证插到底，不得歪斜。

（4）在插件操作时，PCB 板上的端针孔径和跨距应与插座相匹配，插件操作应顺畅自如，禁止强力插入操作。

9）其他器件的装配标准。

（1）要求插到位、不歪斜。

（2）不要用手大幅度掰动电位器的引脚；否则容易产生接触不良甚至损坏，引脚或动片松动的电位器应报废。

（3）按键要求完整，不得歪斜、折断。

电子设备的组装是以印制电路板为中心而展开的，印制电路板的组装是整机组装的关键环节。它直接影响产品的质量，故掌握电路板组装的技能技巧是十分重要的。

**3. 元器件安装的技术要求**

（1）元器件的标志方向应按照图纸规定的要求，安装后能看清元件上的标志。若装配图上没有指明方向，则应使标记向外，易于辨认，并按从左到右、从下到上的顺序读出。

（2）元器件的极性不得装错，安装前应套上相应的套管。

（3）安装高度应符合规定要求，同一规格的元器件应尽量安装在同一高度上。

（4）安装顺序一般为先低后高，先轻后重，先易后难，先一般元器件后特殊元器件。

（5）元器件在印制电路板上的分布应尽量均匀，疏密一致，排列整齐美观。不允许斜排、立体交叉和重叠排列。

（6）元器件外壳和引线不得相碰，要保证 1mm 左右的安全间隙，无法避免时应套绝缘套管。

（7）元器件的引线直径与印制电路板焊盘孔径应有 0.2～0.4mm 的合理间隙。

（8）MOS 集成电路的安装应在等电位工作台上进行，以免产生静电损坏器件，发热元件不允许贴板安装，较大元器件的安装应采取绑扎、粘固等措施。

**4．元器件的安装方法**

1）贴板安装

贴板安装形式如图 1-42 所示。

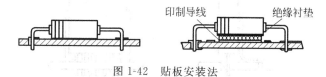

图 1-42　贴板安装法

2）悬空安装

悬空安装形式如图 1-43 所示。

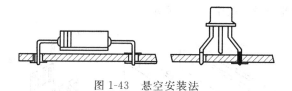

图 1-43　悬空安装法

3）垂直安装

垂直安装形式如图 1-44 所示。

4）埋头安装

埋头安装形式如图 1-45 所示。

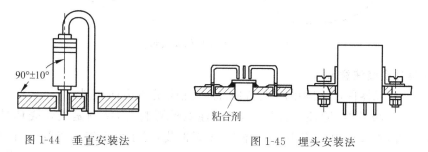

图 1-44　垂直安装法　　　　　　图 1-45　埋头安装法

5）有高度限制时的安装

有高度限制时的安装形式如图 1-46 所示。

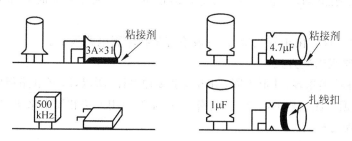

图 1-46　限制高度安装法

6）支架固定安装

支架固定安装形式如图 1-47 所示。

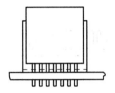

图 1-47　支架固定安装形式

7）功率器件的安装

功率器件的安装形式之一如图 1-48 所示。

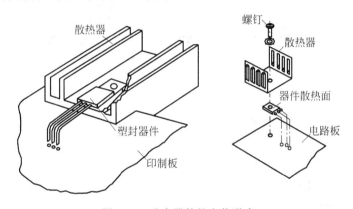

图 1-48　功率器件的安装形式

**5. 元器件安装注意事项**

（1）插装好元器件，其引脚的弯折方向都应与铜箔走线方向相同。

（2）安装二极管时，除注意极性外，还要注意外壳封装，特别是玻璃壳体易碎，引线弯曲时易爆裂，在安装时可将引线先绕 1～2 圈再装，对于大电流二极管，有的则将引线体当作散热器，故必须根据二极管规格中的要求决定引线的长度，也不宜把引线套上绝缘套管。

（3）为了区别晶体管的电极和电解电容的正负端，一般在安装时应加上带有颜色的套管以示区别。

（4）大功率三极管由于发热量大，一般不宜装在印制电路板上。

**6. 印制电路板组装方式**

电子元器件种类繁多，外形不同，引出线也多种多样，所以，印制电路板的安装方法也就有差异，必须根据产品结构的特点、装配密度、产品的使用方法和要求来决定。

1）手工装配方式

（1）小批量试生产的手工装配。

（2）大批量生产的流水线装配。

2）自动装配方式

（1）自动插装工艺过程框图如图 1-49 所示。

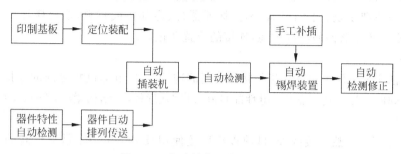

图 1-49　自动插装工艺过程框图

（2）自动装配对元器件的工艺要求，与手工装配不同，自动装配是由装配机自动完成器件的插装。

**7. 印制电路板装配图**

印制电路板装配图俗称印制电路板图，是表示各元器件及零部件、整件与印制电路板连接关系的图纸，是用于装配焊接印制板的工艺图样。它能将电路原理图和实际电路板之间沟通起来，是电子产品工艺设计中最为重要的一种图。

读印制电路板装配图时需要注意以下几点。

（1）印制电路板上的元器件一般用图形符号表示，有时也用简化的外形轮廓表示，但此时都标有与装配方向有关的符号、代号和文字等。

（2）印制电路板都在正面给出铜箔连线情况。反面只用元器件符号和文字表示，一般不画印制导线，如果要求表示出元器件的位置与印刷导线的连接情况时，则用虚线画出印制导线。印制电路板上的地线是相通的。

（3）大面积铜箔和开关件的金属外壳都是地线，且印制电路板上的地线都是相通的。

（4）对于变压器等元器件，除在装配图上表示位置外，还标有引线的编号或引线套管的颜色。

（5）印制电路板装配图上用实心圆点画出的穿线孔需要焊接，用空心圆画出的穿线孔则不需要焊接。

元器件组装时，按照印制电路板装配图，从其反面（胶木板一面）把对应的元器件插入穿线孔内，然后翻到铜箔一面焊接元器件引线。

**8. 印制电路板组装工艺流程**

按照工艺说明文件中给出的印制板及元器件分布图，在组装中一般进行以下操作。

（1）元器件安装过程：元器件整形—元器件插装—元器件引线焊接。

（2）元器件安装顺序：按照从小到大、从低到高、从里到外的顺序进行装配。

## 1.3.4　连接工艺与整机总装

**1. 连接工艺**

电子整机装配过程中，需要把相关的元器件、零部件等按设计要求安装在规定的位置上,实现电气连接和机械连接。连接方式是多样的,有焊接、压接、绕接等。在这些连接中有的是可拆的(拆散时不会损伤任何零部件),有的是不可拆的。

连接的基本要求是:牢固可靠,不损坏元器件、零部件或材料,避免碰坏元器件或零部件涂敷层,不破坏元器件的绝缘性能,连接的位置要正确。

1) 焊接

焊接方法主要应用于元器件和印制板之间的连接、导线和印制板之间的连接以及印制板与印制板之间的连接。其优点是:电性能良好、机械强度较高、结构紧凑;缺点是可拆性较差。

2) 压接

压接分冷压接与热压接两种,目前以冷压接使用较多。压接是借助较高的挤压力和金属位移,使连接器触脚或端子与导线实现连接。压接使用的工具是压接钳。将导线端头放入压接触脚或端头焊片中用力压紧即获得可靠的连接。

压接触脚和焊片是专门用来连接导线的器件,有多种规格可供选择,相应地,也有多种专用的压接钳。

压接技术的特点是:操作简便,适应各种环境场合,成本低、无任何公害和污染。

存在的不足之处是:压接点的接触电阻较大,因操作者施力不同,质量不够稳定,因此很多连接点不能用压接方法。

3) 绕接

绕接是将单股芯线用绕接枪高速绕到带棱角(菱形、方形或矩形)的接线柱上的电气连接方法。由于绕接枪的转速很高(约 3000r/min),对导线的拉力强,使导线在接线柱的棱角上产生强压力和摩擦,并能破坏其几何形状,出现表面高温而使两金属表面原子相互扩散产生化合物结晶。

绕接用的导线一般采用单股硬匾绝缘线,芯线直径为 0.25～1.3mm。为保证连接性能良好,接线柱最好镀金或镀银,绕接的匝数应不少于 5 圈(一般为 5～8 圈)。绕接方式有绕接和捆接两种。

绕接与锡焊相比有明显的特点:可靠性高、失效率接近七百万分之一,无虚、假焊;接触电阻小,只有 1mΩ,仅为锡焊的 1/10;抗震能力比锡焊大 40 倍;无污染,无腐蚀;无热损伤;成本低、操作简单,易于熟练掌握。其不足之处是:导线必须是单芯线、接线柱必须是特殊形状、导线剥头长、需要专用设备等。因而绕接的应用还有一定的局限性。目前,绕接主要应用在大型的高可靠性电子产品的机内互连中。

4) 胶接

用胶粘剂将零部件粘在一起的安装方法称为胶接。胶接属于不可拆卸连接。其优点是工艺简单、不需专用的工艺设备、生产效率高、成本低,它能取代机械紧固方法,从而减轻质量。

在电子设备的装联中,胶接广泛用于小型元器件的固定和不便于螺纹装配、铆接装配的零件的装配,以及防止螺纹松动和有气密性要求的场合。

胶接质量的好坏主要取决于工艺操作规程和胶粘剂的性能是否正确。

(1)胶接的一般工艺过程。胶接一般要经过表面处理、胶粘剂的调配、涂胶、固化、清理和胶缝检查几个工艺过程。为了保证胶接质量,应严格按照各步工艺过程的要求去做。

（2）几种常用的胶粘剂。

① 氯乙烯胶。用四氢呋喃作溶剂,加聚氯乙烯材料配制而成,有毒、易燃。用于塑料与金属、塑料与木材、塑料与塑料的胶接。聚氯乙烯胶在电子设备的生产中,主要用于将塑料绝缘导线粘接成线扎和粘接产品、包装铝箔内的泡沫塑料。其胶接工艺特点是固化快,不需加压、加热。

② 聚丙烯酸酯胶。渗透性好、粘接快,但接头韧性差、不耐热。

③ 环氧树脂胶。它是以环氧树脂为主,加入填充剂配制而成的胶粘剂。

④ 222互厌氧性密封胶。它是以甲基丙烯酯为主的胶粘剂,是低强度胶,用于需拆卸零部件的锁紧和密封。它具有定位固连速度快、渗透性好、有一定的胶接力和密封性、拆除后不影响胶接件原有性能等特点。

除了以上介绍的几种胶粘剂外,还有其他许多各种性能的胶粘剂,如导电胶、导磁胶、导热胶、热熔胶、压敏胶等。

5）螺纹连接

在电子设备组装中,广泛采用可拆卸式螺纹连接。这种连接一般用螺钉、螺栓、螺母等紧固件,把各种零部件或元器件连接起来。

其优点是连接可靠、装拆方便,可方便地调节零部件的位置。缺点是用力集中,安装薄板或易损件时容易变形或压裂;在地震或冲击严重的情况下,螺纹容易松动,装配时要采取防松动和止动措施。

**2．整机总装**

1）整机装配顺序

按组装级别来分,整机装配按元件级、插件级、插箱板级和箱/柜级顺序进行,如图1-50所示。

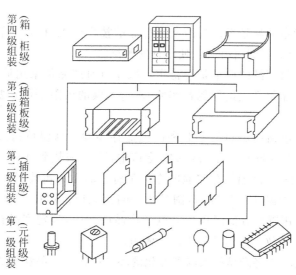

图 1-50　整机组装级别

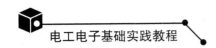

元件级：是最低的组装级别,其特点是结构不可分割。

插件级：用于组装和互连电子元器件。

插箱板级：用于安装和互连的插件或印制电路板部件。

箱、柜级：它主要通过电缆及连接器互连插件和插箱,并通过电源电缆送电构成独立的具有一定功能的电子仪器、设备和系统。

2）整机装配的一般原则

整机装配的一般原则是：先轻后重,先小后大,先铆后装,先装后焊,先里后外,先下后上,先平后高,易碎易损坏后装,上道工序不得影响下道工序。

3）整机装配的基本要求

（1）未经检验合格的装配件（零、部、整件）不得安装,已检验合格的装配件必须保持清洁。

（2）认真阅读工艺文件和设计文件,严格遵守工艺规程。装配完成后的整机应符合图纸和工艺文件的要求。

（3）严格遵守装配的一般顺序,防止前后顺序颠倒,注意前后工序的衔接。

（4）装配过程不要损伤元器件,避免碰坏机箱和元器件上的涂覆层,以免损害绝缘性能。

（5）熟练掌握操作技能,保证质量,严格执行三检（自检、互检和专职检验）制度。

**3. 整机总装质量的检测**

1）外观检查

外观检查的主要内容有：产品是否整洁,面板、机壳表面的涂敷层及装饰件、标志、铭牌等是否齐全,有无损伤；产品的各种连接装置是否完好,是否符合规定的要求；产品的各种结构件是否与图纸相符,有无变形、开焊、断裂、锈斑；量程覆盖是否符合要求；转动机构是否灵活；控制开关是否操作正确、到位等。

2）性能检查

性能检查用以确定产品是否达到国家或行业的技术标志,检查一般只对主要指标进行测试,含安全性能测试、通用性能测试、使用性能测试。

例行实验用以考核产品的质量是否稳定。操作时对产品常采用抽样检验,但对新产品或有重大改进的老产品都必须进行例行实验,例行实验的极限条件主要包括高低温、潮湿、振动、冲击和运输等。

（1）高温实验。包括高温负荷实验和高温储存实验。高温负荷实验是将样品在不包装、不通电的正常工作位置状态下,放入实验箱中,逐步加热到 40℃ 左右,稳定持续工作16h,降温后再通电检验。高温储存实验的方法是将产品在不包装、不通电的正常位置状态下放入实验箱中匀速加温到 55℃ 左右,搁置 2h,再冷却进行检验。

（2）低温实验。用以检查低温环境对电子产品的影响,确定产品在低温条件下工作和储存的适应性。将产品放入低温条件下进行测量。

（3）温度变化实验。将产品放入温度变化的环境中进行产品性能测试。

（4）恒定湿热实验。将产品放入不同的湿度和温度中进行产品性能测试。

（5）振动实验。将样品固定在振动台上，经过模拟固定频率、变频等各种振动环境进行实验。

（6）冲击实验。将样品固定在实验台上，用一定的加速度和频率，分别在样品的不同方向冲击若干次，冲击实验后，检查其主要技术指标是否仍然符合要求、有无机械损伤。

（7）运输实验。装载在汽车上，并以一定速度在三级公路上行驶若干公里，再去实验。

3）出厂实验

产品在装配、调试后，在出厂前按国家标准逐台实验，一般都是检验一些最重要的性能指标，并且这种实验都是既对产品无破坏性，又能比较迅速完成的项目。不同的产品有不同的国家标准，除上述的检测外还有绝缘电阻测试、绝缘强度测试、抗干扰测试等。

## 1.4 综合技能与实训案例

### 1.4.1 可调直流稳压电源的制作

**1. 实训目的**

通过可调直流稳压电源的制作，了解直流稳压电源的工作原理与安装工艺，掌握一般元器件的识别与检测，练习常用工具、仪器仪表的使用，掌握焊接技术和稳压电源的检测方法。培养初步的工程设计能力和创新意识，以及严谨、踏实、科学的工作作风和学风，提高解决实际问题的能力与素质。

**2. 实训器材**

（1）直流稳压电源配件。

（2）工具（剪刀、镊子、尖嘴钳、锉刀、电烙铁等）。

（3）焊锡、松香、沙皮、导线等。

（4）数字万用表、示波器。

**3. 直流稳压电源工作原理**

直流稳压电源普遍应用于仪器仪表、各种电器产品，可以这样说，凡是要用到电子元器件的产品，基本上都有直流稳压电源。直流稳压电源从输出电压种类分，可分为固定稳压电源和可调稳压电源。顾名思义，固定稳压电源其输出电压是不可调的，本实验中的可调稳压电源灵活性大，特别适合实验用，读者制作成产品后可应用于各种小电子产品维修中，当然也可用于随身听产品代替干电池用。

1）原理

原理框图如图 1-51 所示。

$$V_i \rightarrow \boxed{变压} \rightarrow \boxed{整流} \rightarrow \boxed{滤波} \rightarrow \boxed{稳压} \rightarrow V_o$$

图 1-51 稳压电源原理框图

2）电路原理图

电路原理如图 1-52 所示。

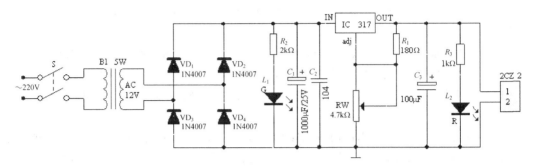

图 1-52　稳压电源原理

3）可调稳压电源基本工作原理及各元器件的作用

（1）变压器变压。

图 1-52 中 B1 为电源变压器，电源变压器的作用是把交流 220V 电压变成交流 12V，在这里起降压的作用。其输出功率为 5W。

（2）整流电路。

在图 1-52 中，$VD_1$、$VD_2$、$VD_3$、$VD_4$ 组成桥式整流电路。整流电路是利用二极管的单向导电性把交流电压变成脉动直流电压的电路。

整流电路可以有多种形式，本实验采用分立的 4 个二极管接成桥式全波整流。实际上在较多的控制系统、家用电器、仪器仪表中也常采用两个二极管和变压器中心抽头的全波整流，如黑白电视机的稳压电源，此种形式的全波整流采用变压器的中心抽头，同桥式整流相比较，少用了两个二极管，但增加了变压器的体积，也就增加了制作成本。现在二极管价格很低，所以采用桥式整流可以减少制作成本。

在桥式整流电路中流过二极管的电流为

$$I_D = \frac{1}{2} I_L$$

二极管所承受的最大反向电压

$$U_{RM} = \sqrt{2} U_2$$

本实验电路设计 $I_L = 200\text{mA}$，二极管所承受的最大反向击穿电压 $U_{RM} = 17\text{V}$。所以可选用 1N4001，其允许流过额定正向整流电流 $I_F$ 为 1A，最大反向击穿电压 $U_{RM} = 50\text{V}$。本实验实际选用的二极管为 1N4007，此二极管允许流过额定正向整流电流 $I_F$ 为 1A，最大反向击穿电压 $U_{RM}$ 可以承受 1000V。其实际参数大大超过设计参数，由于 1N4007 在市场最为流行，而价格与 1N4001 基本相同，故在电子设计中以大代小是允许的。

（3）滤波电路。

滤波电路是通过储能组件电容 C 的充电和放电作用，把脉动较大的直流电压变成脉动较小的直流电压，图中 $C_1$、$C_2$ 为滤波电容。

$C_1$ 为电解电容，其管脚是有正负极性的，使用电解电容时，应注意其极性不能接反。$C_1$ 的容量为 $1000\mu\text{F}$、耐压为 25V，$C_2$ 为瓷片电容，这种电容引脚不分极性，可以随意接线，$C_2$ 容量为 104，即为 $0.1\mu\text{F}$，耐压为 63V。

（4）稳压电路。

稳压电路的作用是对脉动较小的直流电压进一步滤去纹波,且能输出稳定的直流电压。这里采用三端可调式稳压器,这类稳压器与三端固定式稳压器不同,它可以通过外接电阻来调节输出电压,从而扩大了输出电压的调节范围,故使用十分方便。

以 LM317 为例,它的内部电路有比较放大器、偏置电路、恒流源电路和带隙基准电压 $V_{REF}$ 等,它的公共端改接到输出端,器件本身无接地端,所以消耗的电流都从输出端流出。内部的基准电压(约 1.2V)接至比较放大器的同相端和调整端之间,所以其最低输出电压为 $V_{REF}=1.2V$。

其输出电压计算公式为

$$V_O = V_{REF}\left(1+\frac{R_W}{R_1}\right)$$

以本电路为例,$V_{REF}=1.2V$、$R_W=4.7k\Omega$、$R_1=180\Omega$。经计算,上限可以调到 30V 左右,但受输入电压的限制,本设计要求为上限 12V,此实验电路上限略高于 12V。

（5）发光二极管指示电路。

图 1-52 中 $R_2$、$L_1$、$R_3$、$L_2$ 分别组成直流电压指示电路,$R_2$、$L_1$ 组成整流滤波后的电压指示电路,$R_2$ 为限流电阻,$L_1$ 为绿色发光二极管,$R_3$、$L_2$ 组成稳压后的直流电压指示电路,$R_3$ 为限流电阻,$L_2$ 为红色发光二极管。调节 $R_W$ 也就调节了输出电压,$L_2$ 是输出电压的指示发光二极管,随着输出电压的变化其亮度可变,当输出电压高时 $L_2$ 较亮,反之当输出电压低时 $L_2$ 较暗。

**4. 实训内容与步骤**

本次实训的主要任务是可调直流稳压电源的制作,在了解电路工作原理后,领取所需器材。

1）清点元器件

对照元器件明细表（表 1-36）清点器件。

表 1-36　直流稳压电源元件清单

| | A | B | C |
|---|---|---|---|
| 1 | Part Type | Designator | Footprint |
| 2 | 1k | R3 | AXIAL0.4 |
| 3 | 2 | 1CZ | SIP2 |
| 4 | 2 | 2CZ | SIP2 |
| 5 | 180 | R1 | AXIAL0.4 |
| 6 | 2k | R2 | AXIAL0.4 |
| 7 | 4.7k | Rw | VR5 |
| 8 | 100μF/25V | C3 | RAD0.2 |
| 9 | 104 | C2 | RAD0.2 |
| 10 | 317 | IC | VR5 |
| 11 | 1000μF/25V | C1 | RAD0.2 |
| 12 | G | L1 | DIODE0.4 |

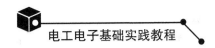
续表

| | A | B | C |
|---|---|---|---|
| 13 | 1N4007 | D2 | DIODE0.4 |
| 14 | 1N4007 | D1 | DIODE0.4 |
| 15 | 1N4007 | D3 | DIODE0.4 |
| 16 | 1N4007 | D4 | DIODE0.4 |
| 17 | R | L2 | DIODE0.4 |
| 18 | | PCB | |
| 19 | 5W | 变压器 | |
| 20 | 带插头 | 电源线 | |

2）检测元器件

识别所有元器件，记录测量值，并判断好坏。测量表格自行设计。参见1.1节内容。

3）印制电路板的设计

制作可调直流稳压电源时采用通用印制电路板，因此需自行设计装配布局图。可以从以下几方面来考虑如何布局。

（1）充分利用通用印制电路板上的铜箔片为电路的连接导线。

（2）电路中相连的各元件管脚尽量放在同一条铜箔或相邻铜箔的各焊盘上。

（3）同一元件的各个引脚不能放在同一铜箔的焊盘上。

（4）元器件放置在印制板上时，不能碰脚，不能重叠交叉。

4）装配与测试

（1）准备好装配工具。

（2）用工具把元件加工成形。

（3）在印制板上插上二极管 1CZ、$VD_1$、$VD_2$、$VD_3$、$VD_4$、$R_2$、$L_1$ 各元器件。注意各二极管的极性不可插反。

（4）把上述元器件先焊接好，注意不能虚焊，焊接完毕剪去各元器件引脚，注意剪脚时不能让元器件松动。

（5）变压器接通电源，其输出端接电路的插头 1CZ，若电路工作正常，$L_1$ 应发光。用万用表测量电路输入、输出电压，并记录。也可用示波器测量输入、输出信号波形。若此时输出电压为 0.9×12V 左右，则整流部分工作正常。测试完成，切断电源。

（6）在印制板上插上 $C_1$、$C_2$，注意 $C_1$ 为电解电容，其正负极性不可插错，焊接好两电容，再次通电，测量电路输出端的电压，并记录。若此时测得输出电压为 $\sqrt{2}\times12V$，则滤波部分工作正常。测试完成，切断电源。

（7）在印制板上插上 LM317、$R_1$、$R_w$、$C_3$、$R_3$、$L_2$、2CZ2，注意 LM317 的管脚排列，不可插错，$C_3$ 极性不能接反。焊好上述元器件，通电测试，$L_2$ 应发光，调节 $R_w$，测试输出电压调节范围，并记录。设计要求应为 1.2~12V 可调，若略高于12V应视为正常。

至此，可调稳压电源装配调试完毕。

### 1.4.2　声光控开关的制作

**1. 实训目的**

通过声光控开关的制作,了解声光控开关的工作原理,进一步掌握元器件的识别、检测与安装工艺,熟练使用常用工具,熟悉仪器、仪表的正确使用方法,熟练掌握焊接技术,掌握电路的检测方法和故障排除方法。培养对电子电路的学习兴趣和探索精神,进一步提高动手能力和解决实际问题的能力。

**2. 实训器材**

(1) 声光控开关配件。

(2) 工具(剪刀、镊子、尖嘴钳、锉刀、电烙铁等)。

(3) 焊锡、松香、沙皮、导线等。

(4) 数字万用表、直流稳压电源。

**3. 声光控开关工作原理**

声光控开关是由声和光这两种信息去控制电路,从而控制灯的亮与灭。声光控开关是非手动控制的,因此适用于公共场合照明灯的控制。既方便卫生又节能节电。

1) 实用声光控开关的工作原理

如图 1-53 所示电路,它是由一系列的二极管、三极管、可控硅等主要元件组成的。

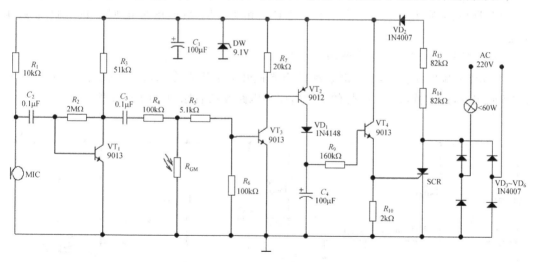

图 1-53　实用声光控开关电路原理

对各电路分析如下。

(1) 整流电路。

由 4 个二极管 $VD_3 \sim VD_6$ 组成桥式全波整流电路,为控制电路提供直流电源。

$$U_A = 0.9 \times 220V = 198V$$

(2) 降压、稳压和限幅电路。

由电阻 $R_{13}$、$R_{14}$、$R_1$ 组成串联电阻分压电路。$R_{13}$、$R_{14} > R_1$,在 $R_1$ 上分压较少,$VD_2$ 为保

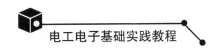

证电流的正确流向，$C_1$、DW 为滤波稳压，使控制电路用电源电压稳定在 $+9V$ 左右。

（3）声信号输入电路。

由 MIC、$R_2$、$VT_1$ 组成信号输入级。MIC 是话筒，接收声的信号，当有声音输入时，其阻值会发生变化。用万用表电阻挡测其阻值为几 $k\Omega$ 左右，当对话筒发声时其阻值会增大。MIC 是由电容和场效应管组成，其等效容抗减小，相当于来了一个负脉冲，把这信号输入 $VT_1$ 基极，则 $VT_1$ 管截止，$VT_1$ 的集电极 C 脚输出高电平。$C_2$、$C_3$ 是级间耦合电容。

（4）光信号输入级。

由 $VT_1$ 级输出的高电平经 $R_4$、$R_5$ 输入 $VT_3$ 管的基极（当天暗无光时，$R_{GM}$ 阻值很大相当于断开）。$VT_3$ 导通，$VT_3$ 的集电极 C 脚为低电位，$VT_2$ 导通，电流由 $VT_2$ 的发射极 E 流向集电极 C 和二极管 $VD_1$ 给电容 $C_4$ 充电。当光信号和声信号不同时满足发光要求（或无声或有光照使得光敏电阻值很小）时，$VT_3$ 管无输入信号，截止，使 $VT_2$ 管也截止，$C_4$ 充电完毕，将对下一级电路放电。

（5）可控硅 SCR 触发级。

$C_4$ 充完电，当电量足够高时，通过 $R_9$、$VT_4$ 管的基极和发射极向 $R_{10}$ 放电，$VT_4$ 管导通，从而驱动后面可控硅的触发极 G 极，可控硅 A、K 两极间加了正向电压导通，从而点亮照明灯。随着放电时间的持续，放电电流越来越小，小到不足以驱动 $VT_4$ 管的导通，$VT_4$ 管截止，可控硅 G 极的触发信号消失，当加在可控硅 A、K 两端的电压过零点时，可控硅截止，照明灯电路断开，灯就灭了。灯点亮时间由 $C_4$、$R_9$ 组成的放电回路的时间常数来决定。

2）模拟声光控开关的工作原理

考虑到实验的安全性，实习时装配的声光控开关采用发光二极管来代替实际电路中的 220V 照明灯，这样就需要改变灯的驱动电路。电路改动后原理如图 1-54 所示。

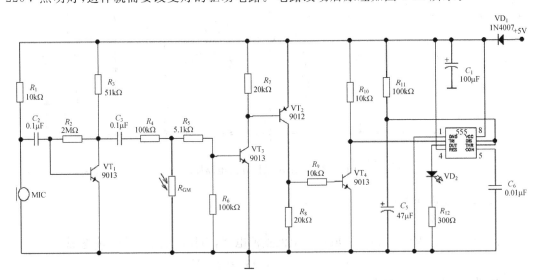

图 1-54　模拟声光控开关电路原理

电路中用 555 定时器构成单稳态触发器来驱动发光二极管,并由电阻 $R_{11}$ 和电容 $C_5$ 来决定发光二极管点亮时间的长短。

（1）555 定时器的工作原理。

555 定时器的内部电路框图如图 1-55 所示。它含有两个电压比较器,一个基本 RS 触发器,一个放电管 T,比较器的参考电压由 3 只 $5k\Omega$ 的电阻器构成的分压器提供。它们分别使高电平 $C_1$ 的同相输入端和低电平 $C_2$ 的反相输入端的参考电平为 $\frac{2}{3}V_{CC}$ 和 $\frac{1}{3}V_{CC}$。$C_1$ 与 $C_2$ 的输出端控制 RS 触发器状态和放电管开关状态。当输入信号自 6 脚,即高电平触发输入并超过参考电平 $\frac{2}{3}V_{CC}$ 时,触发器复位,555 的输出端 3 脚输出低电平,同时放电开关管导通;当输入信号自 2 脚输入并低于 $\frac{1}{3}V_{CC}$ 时,触发器置位,555 的 3 脚输出高电平,同时放电开关管截止。

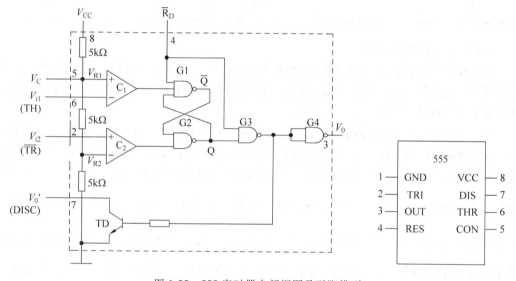

图 1-55　555 定时器内部框图及引脚排列

$\overline{R}_D$ 是复位端(4 脚),当 $\overline{R}_D = 0$,555 输出低电平。平时 $\overline{R}_D$ 端开路或接 $V_{CC}$。

$V_C$ 是控制电压端(5 脚),平时输出 $\frac{2}{3}V_{CC}$ 作为比较器 $C_1$ 的参考电平,当 5 脚外接一个输入电压,即改变了比较器的参考电平,从而实现对输出的另一种控制,在不接外加电压时,通常接一个 $0.01\mu F$ 的电容器到地,起滤波作用,以消除外来的干扰,从而确保参考电平的稳定。

TD 为放电管,当 TD 导通时,将给接于脚 7 的电容器提供低阻放电通路。

555 定时器功能如表 1-37 所示,其主要是与电阻、电容构成充放电电路,并由两个比较器来检测电容器上的电压,以确定输出电平的高低和放电管的通断。这就很方便地构成从微秒到数十分钟的延时电路,可方便地构成单稳态触发器、多谐振荡器、施密特触发器等脉

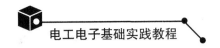 

冲产生或波形变换电路。

表 1-37　555 定时器功能表

| 输　入 | | | 输　出 | |
| --- | --- | --- | --- | --- |
| $\overline{R}_D$ | $V_{i1}(TH)$ | $V_{i2}(\overline{TR})$ | $V_0$ | DISC |
| L | × | × | L | 通 |
| H | $>\frac{2}{3}V_{CC}$ | $>\frac{1}{3}V_{CC}$ | L | 通 |
| H | $<\frac{2}{3}V_{CC}$ | $>\frac{1}{3}V_{CC}$ | 不变 | 不变 |
| H | $<\frac{2}{3}V_{CC}$ | $<\frac{1}{3}V_{CC}$ | H | 断 |
| H | $>\frac{2}{3}V_{CC}$ | $<\frac{1}{3}V_{CC}$ | H | 断 |

(2) 单稳态触发器电路。

由于发光二极管点亮电流变化时,并没有明显的亮与灭转换,而只是亮度的改变,所以不能用 $RC$ 充放电电路来直接驱动。而用单稳态触发器来驱动就非常合适。只要让单稳态触发器的暂态维持时间在 30~40s 就行。

图 1-54 中由 555 定时器和外接定时元件 $R_{11}$、$C_5$ 构成的单稳态触发器。触发电路由 $VT_4$、$R_{10}$ 构成,当 $VT_4$ 截止时 555 电路输入端处于电源电平,内部放电开关管 T 导通,输出端输出低电平,555 处于稳态;当 $VT_4$ 管导通时 555 电路输入端变低,相当于有一个负脉冲触发信号加到输入端,并使 2 端电位瞬时低于 $\frac{1}{3}V_{CC}$,低电平比较器动作,单稳态电路即开始一个暂态过程,输出高电平,同时电容 $C_5$ 开始充电,$V_C$ 按指数规律增长。当 $V_C$ 充电到 $\frac{2}{3}V_{CC}$ 时,高电平比较器动作,比较器翻转,输出从高电平返回低电平,放电开关管 T 重新导通,电容 $C_5$ 上的电荷很快经放电开关管放电,暂态结束,恢复稳态,为下一个触发脉冲的来到做好准备。

暂稳态的持续时间 $t_w$(即为延时时间)决定于外接元件 $R_{11}$、$C_5$ 值的大小。

$$t_w = 1.1R_{11}C_5$$

通过改变 $R_{11}$、$C_5$ 的大小,可使延时时间在几个微秒到几十分钟之间变化。

555 电路的输出端接发光二极管,电阻 $R_{12}$ 是对发光二极管起限流作用的。

**4. 实训内容与步骤**

本次实训的主要任务是声光控开关的制作,在了解了电路工作原理后,领取所需器材。

1) 清点元器件

对照元器件明细表(表 1-38)清点器件。

2) 检测元器件

识别所有元器件,记录测量值,并判断好坏。测量表格自行设计。参见 1.1 节内容。

表 1-38 声光控开关的元件清单

| 编号 | 名　称 | 型号或数据 | 编　号 | 名　称 | 型号或数据 |
|---|---|---|---|---|---|
| 1 | 电阻 $R_1$ | 10kΩ | 15 | 电容 $C_3$ | 0.1μF |
| 2 | 电阻 $R_2$ | 2MΩ | 16 | 电容 $C_5$ | 47μF |
| 3 | 电阻 $R_3$ | 51kΩ | 17 | 电容 $C_6$ | 0.01μF |
| 4 | 电阻$_4$ | 100kΩ | 18 | 三极管 $VT_1$ | 9013 |
| 5 | 电阻 $R_5$ | 5.1kΩ | 19 | 三极管 $VT_2$ | 9012 |
| 6 | 电阻 $R_6$ | 100kΩ | 20 | 三极管 $VT_3$ | 9013 |
| 7 | 电阻 $R_7$ | 20kΩ | 21 | 三极管 $VT_4$ | 9013 |
| 8 | 电阻 $R_8$ | 20kΩ | 22 | 二极管 $VD_1$ | 1N4007 |
| 9 | 电阻 $R_9$ | 10kΩ | 23 | 二极管 $VD_2$ | 发光二极管 |
| 10 | 电阻 $R_{10}$ | 10kΩ | 24 | 话筒 | MIC |
| 11 | 电阻 $R_{11}$ | 100kΩ | 25 | 光敏电阻 | $R_{GM}$ |
| 12 | 电阻 $R_{12}$ | 300Ω | 26 | 555 定时器 | |
| 13 | 电容 $C_1$ | 100μF | 27 | 8 脚芯片插座 | |
| 14 | 电容 $C_2$ | 0.1μF | 28 | 导线 | |

3) 印制电路板的设计

制作声光控开关时采用通用印制电路板,因此需自行设计装配布局图。可以从以下几方面来考虑如何布局。

(1) 充分利用通用印制电路板上的铜箔片为电路的连接导线。

(2) 电路中相连的各元件管脚尽量放在同一条铜箔或相邻铜箔的各焊盘上。

(3) 同一元件的各个引脚不能放在同一铜箔的焊盘上。

(4) 元器件放置在印制板上时,不能碰脚,不能重叠交叉。

4) 装配

(1) 准备好装配工具。

(2) 用工具把元件加工成形。

(3) 在印制板上插上所有元器件(除光敏电阻外),注意有极性器件不可插反。

(4) 把所有元器件焊接好(除光敏电阻外),注意 555 芯片不需焊接,而是焊接其对应的插座;焊接完毕剪去各元器件多余引脚。注意剪脚时不能让元器件松动,并注意各元器件安装高度。

5) 测试

(1) 通电前的准备工作。

焊接完所有的元件后,再对照原理图认真地检查一遍,看各焊点位置焊得是否正确,焊点是否焊牢(轻拉、轻拔元件脚),各元件管脚有无相碰,电路板上有无多余的杂质、线头,各焊点有无粘连,都清理完后把 555 芯片插入插座。注意方向。

(2) 通电测试。

从稳压源的正(＋)负(－)端输出 5V 电压接入声光控开关电路的电源端。在话筒边发声,话筒接收声音信号后,发光二极管就点亮,过大约 5s 发光二极管自动灭灯。测试结果理

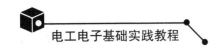 

想,断电,再把光敏电阻接入相应的位置,再通电测试,这时再发声,发光二极管不会亮,必须把光敏电阻遮住光照,发声后发光二极管才会亮灯。如上所述,说明电路正常,测试完成。

如果工作异常,则需要进一步检测、排除故障。

6) 检测及排除故障

(1) 故障一:不亮。

首先检查555电源,排除电源问题后,再检查发光二极管的极性和限流电阻是否正确;然后给555的3号脚一个高电平,看能否点亮;给555的2号脚一个低电平,看能否点亮;再给 $VT_4$ 的C脚一个低电平,看能否点亮;再给 $VT_4$ 的B脚一个高电平,看能否点亮;再给 $VT_3$ 的B脚一个低电平,看能否点亮;再给 $VT_1$ 的C脚一个高电平,看能否点亮;最后给 $VT_1$ 的B脚一个低电平,看能否点亮。按从电路输出级逐步往电路的输入级检查,直到检测到不能点亮位置,就检查这级电路的元件连接是否正确,有无漏焊、错焊、短路现象,有无元器件损坏等故障,有则排除即可。

(2) 故障二:常亮。

首先检查555的1号脚接地是否接好,再看555的2号脚是否与1号脚粘连;没问题的话看 $R_{11}$ 与 $C_5$ 的连接点是否与555的6、7号脚连上;都没问题则给 $VT_3$ 的C脚一个高电平,看能否灭灯;再给 $VT_3$ 的B脚一个低电平,看能否灭灯;再给 $VT_2$ 的B脚一个高电平,看能否灭灯;再给 $VT_1$ 的B脚一个低电平,看能否灭灯;再给 $VT_1$ 的C脚一个低电平,看能否灭灯;最后给 $VT_1$ 的B脚一个高电平,看能否灭灯。按从电路输出级逐步往电路的输入级检查,直到检测到不能灭灯位置,就检查这级电路的元件连接是否正确,有无漏焊、错焊、短路现象,有无元器件损坏等故障,有则排除即可。

(3) 故障三:亮的时间太长或太短。

这种故障肯定是 $R_{11}$ 与 $C_5$ 的值有误,更换合适的元件即可。

# 1.5 本章小结

通过对电阻、电容、电感、晶体管、集成芯片及其他杂件等各种常用电子元器件的分类、型号命名和标识、主要性能指标的介绍,学会元器件的选用、测试方法。通过介绍焊接的基本知识,焊料、焊材及焊接工具的选用,手工焊接的方法,要求熟练掌握工具的使用和焊接技术。通过了解电子产品装配工艺流程、电子元器件的安装工艺要求及印制电路板组装方式,掌握简单的电子电路从读懂原理图到实物的制作方法。本章每节后都安排有相应的实训内容,通过操练充分掌握本章内容要求。

# 第 2 章　电工电子电路的设计与制作

**本章学习目标**

- 能按电路图接线和查线，能进行实验操作、读取数据、观察实验现象和观测波形，判断和排除简单的线路故障。培养学生分析问题、解决问题的能力。
- 能利用 Protel DXP 绘制电路原理图以及 PCB 板的设计。
- 能整理分析实验数据，总结得出实验结论，写出整洁、条理清楚、内容完整的实验报告。
- 学会查阅手册，从仿制开始逐步学会使用常用的电子元器件、集成电路等，着重培养学生对电子技术的兴趣及设计、创新能力。

本章先向读者介绍电子电路识图与分析方法，再介绍如何使用 Protel DXP 绘制电路原理图以及 PCB 板的设计，最后通过调光台灯、流水灯、八路抢答器的实物制作来达到教学目的。

## 2.1　电子电路识图与分析方法

学习电子技术接触电子电路图是必然的，了解电路种类和各种电路图的识图方法则能使分析电路事半功倍。

### 2.1.1　整机电路图和电路分析

整机电路图是电子设备中完整的一张图纸。

**1. 整机电路图作用和电路特点**

1）电路图作用

整机电路图具有下列一些功能。

（1）整机电路图表明整个电子设备的所有电路结构,表示出各单元电路的具体形式和它们之间的连接方式,从而表达了整机电路的工作原理。

（2）整机电路图给出了电路中各元器件的具体参数,如三极管型号、电阻器标称值和其他一些重要数据,为检测和更换元器件提供了依据。如更换某个电阻器时,可以查阅整机电路图中该电阻器的标称值。

（3）许多整机电路图中还给出了直流工作电压的测试点,在视频电路图中还会标出该处的信号波形,如集成电路各引脚上的直流电压标注或信号波形标注、三极管各电极上的直流电压标注等,为检修这些电路提供了方便。

2）电路图特点

整机电路图与其他电路图相比具有下列特点。

（1）同类型的电子设备其整机电路图有其相似之处,不同类型机器之间的电路则相差很大。

（2）不同型号的电子设备其整机电路中的单元电路变化十分丰富,这给识图造成了不少困难,要求有较全面的电路知识。

（3）各部分单元电路在整机电路图中的画法有一定规律,了解这些规律对识图是有益的。其分布规律一般情况如下。

① 电源电路一般画在整机电路图右下方。

② 信号源电路一般画在整机电路图的左侧。

③ 负载电路一般画在整机电路图的右侧。

④ 各级放大器电路是从左向右排列的,通常情况下双声道电路中的左、右声道电路是上下排列的。

⑤ 各单元电路中的元器件相对集中在一起。

**2. 整机电路图识图方法与技巧**

1）整机电路图给出了与识图相关的信息

整机电路图中与识图相关的信息主要有以下几个。

（1）通过各开关件的名称和图中开关所在位置的标注,可以知道该开关的作用和当前开关状态,图 2-1 所示为录放开关的标注识别示意图。图中,S1-1 是录放开关,P 表示放音,R 表示录音,图示标在放音位置。

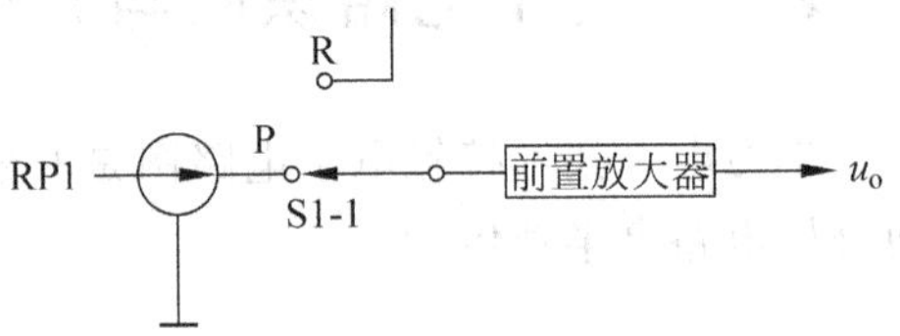

（2）当整机电路图分为多张图纸时,引线接插件的标注能够方便地将各张图纸之间的电路连接起来。图 2-2 所示是各张图纸之间引线接插件连接示意图,其中 CSP101 在一张电路图中,CNP101 在另一张图中,CSP101 中的 101 与 CNP101 中的 101 表示是同一个接插件,一个为

图 2-1　录放开关的标注识别示意图

插头,一个为插座。根据这一电路标注,可以说明这两张图纸的电路在这个接插件处相连。

（3）一些整机电路图中,将各开关件的标注集中在一起,标注在图纸的某处,标有开关的功能说明,识图时若对某个开关不了解,可以去查阅这部分说明。图 2-3 所示是开关功能标注示意图。

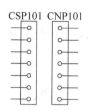

图 2-2 各张图纸之间引线接插件连接示意图          图 2-3 开关功能标注示意图

2）整机电路图的主要分析内容

对整机电路图的主要分析内容有以下几个。

（1）部分单元电路在整机电路图中的具体位置。

（2）单元电路的类型。

（3）直流工作电压供给电路分析。直流工作电压供给电路的识图方向是从右向左进行，对某一级放大电路的直流电路识图方向是自上而下。

（4）交流信号传输分析。一般情况下，交流信号传输的方向是从整机电路图的左侧向右侧进行分析。

（5）对一些以前未见过的、比较复杂的单元电路工作原理进行重点分析。

3）其他知识点

（1）对于分成几张图纸的整机电路图可以一张一张地进行识图，如果需要进行整个信号传输系统的分析，则要将各图纸连起来进行分析。

（2）对整机电路图的识图，可以在学习了一种功能的单元电路之后，分别在几张整机电路图中去找到这一功能的单元电路进行详细分析。由于在整机电路图中的单元电路变化较多，而且电路的画法受其他电路的影响而与单个画出的单元电路不一定相同，所以加大了识图的难度。

（3）在分析整机电路过程中，对某个单元电路的分析有困难，例如对某型号集成电路应用电路的分析有困难，可以查找这一型号集成电路的识图数据（内电路方框图、各引脚作用等），以帮助识图。

（4）一些对整机电路图中会有许多英文标注，能够了解这些英文标注的含义，对识图有很大的帮助。在某型号集成电路附近标出的英文说明就是该集成电路的功能说明，图 2-4 所示是电路图中英文标注示意图。

图 2-4 电路图中英文标注示意图

## 2.1.2 方框图知识点及电路图分析

方框图是一种用来表示电路组成的电路图，比较简洁、直观。

**1. 方框图种类**

方框图可以分为下列 3 种，即集成电路内电路方框图、整机电路方框图和系统电路方框图。

1）集成电路内电路方框图

集成电路内电路方框图是一个十分常见的方框图，很有实用意义。图 2-5 所示是数字集成电路 4069 六反相器内电路方框图。

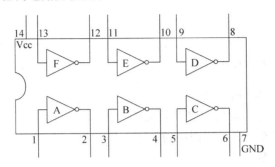

图 2-5　4069 六反相器内电路方框图

从集成电路的内方框图中可以了解到集成电路的组成、有关引脚作用等识图信息，这对分析该集成电路的应用电路是十分有用的。

集成电路内电路的组成情况可以用内电路或内电路方框图两种图纸来表示。由于集成电路内电路情况十分复杂，所以在许多情况下用内电路方框图来表示集成电路的内电路组成情况更有利于识图。

2）整机电路方框图

这是表达整机电路图的方框图，也是众多方框图中最为复杂的方框图。从这张方框图中可以了解到整机电路组成和各部分单元电路的相互关系，通过图中的箭头还可以了解到信号的传输途径等。

有些机器的整机电路方框图比较复杂，有的用一张方框图表示整机电路结构情况，有的则将整机方框图分成几张。

3）系统电路方框图

一个整机电路是由许多系统电路构成的，系统方框图就是用方框图形式表示该系统电路组成等情况，是整机电路方框图下一级的方框图，往往系统方框图比整机电路方框图更加详细。图 2-6 所示为稳压电源系统电路方框图。

图 2-6　稳压电源电路方框图

**2. 方框图作用和特点**

方框图是一张重要的电路图，特别是在分析集成电路应用电路图、复杂的系统电路、了解整机电路组成情况时，没有方框图将对识图造成诸多不便和困难。

1）方框图作用

方框图具有下列一些作用。

(1) 方框图表达了各单元电路之间的信号传输方向,从而能了解信号在各部分单元电路之间的传输次序。根据方框图中所标出的电路名称可以知道信号在这一单元电路中的处理过程,为分析具体电路提供了指导性的信息。

图 2-7 所示方框图中的箭头表示八路抢答器电路的信号传输方向。

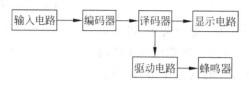

图 2-7 八路抢答器电路的信号传输方向

方框图给出了识图信息:输入电路输出的信号首先加到编码器中,把开关信号转换成数字电路的二进制代码,然后送入译码器中再转换成十进制数,用 LED 发光显示屏进行显示,同时每显示一个数经过驱动电路使蜂鸣器发声。

(2) 粗略表达了一些复杂电路(可以是整机电路、系统电路和功能电路等)的组成情况,通常是给出这一复杂电路的主要单元电路位置、名称以及各部分单元电路之间的连接关系,如前级和后级关系等信息。

2) 方框图特点

提出方框图概念主要是为了识图的需要。方框图有简明的也有详细的,方框图越详细为识图提供的有益信息就越多。在各种方框图中,集成电路的内电路方框图最为详细。

分析一个具体电路工作原理或者在分析集成电路的应用电路之前,先分析该电路的方框图是必要的,有助于分析具体电路的工作原理。在几种方框图中,整机方框图是最重要的,要牢记在心中,对修理中逻辑推理的形成和故障部位的判断十分重要。

了解方框图的下列一些特点对识图、修理具有重要意义。

(1) 由于方框图比较简洁、逻辑性强,所以便于记忆,同时包含的信息量大,这就显得方框图更为重要。

(2) 方框图简明、清楚,可方便地看出电路的组成和信号的传输方向、途径,以及信号在传输过程中受到的处理过程等,如信号是得到了放大还是受到了衰减。

(3) 方框图中往往会用箭头形象地表示信号在电路中的传输方向,这一点对识图是非常有用的。尤其是集成电路内电路方框图,可以帮助了解某引脚是输入引脚还是输出引脚(根据引脚上的箭头方向得知这一点)。

**3. 方框图分析方法和分析举例**

1) 方框图分析

关于方框图的分析方法说明以下 3 点。

(1) 了解整机电路图中的信号传输过程时,主要是看图中箭头的方向。箭头所在回路表示了信号的传输通路,箭头方向表示了信号的传输方向。在一些音响设备的整机电路方框图中,左、右声道电路的信号传输指示箭头采用实线和虚线来分开表示。图 2-8 所示为用实线和虚线箭头表示信号传输方向。

（2）记忆一个电路系统的组成时，由于具体电路太复杂，所以要用方框图。在方框图中，可以看出各部分电路之间是如何连接的，特别是控制电路系统，可以看出控制信号的传输过程、控制信号的来路和控制的对象。

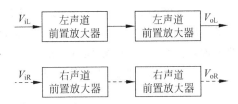

图 2-8　用实线和虚线箭头表示信号传输方向的示意图

（3）分析集成电路的应用电路过程中，没有集成电路的引脚作用数据时，可以借助集成电路的内电路方框图来了解、推理引脚的具体作用，特别是可以明确地了解哪些引脚是输入脚，哪些是输出脚，哪些是电源引脚，而这 3 种引脚对识图是非常重要的。当引脚引线的箭头指向集成电路外部时，这是输出引脚，箭头朝里的是输入引脚。

2）举例说明

图 2-9 所示为某型号集成电路内电路方框图。集成电路①脚引线箭头向里为输入引脚，说明信号是从①脚输入到高频放大器中，所以①脚是输入引脚；集成电路②脚引脚上的箭头方向朝外，所以②脚是输出引脚，放大后的高频信号从该引脚输出；集成电路③脚也是输入引脚，只是用来将信号输入到混频器中；④脚也是输出引脚，用来输出混频后的信号。

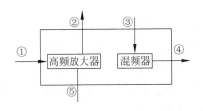

图 2-9　某型号集成电路内电路方框图

当引线上没有箭头时，如⑤脚，说明该引脚外电路与内电路之间不是简单的输入或输出关系，方框图只能说明⑤脚内、外电路之间存在着某种联系，⑤脚要与外电路中有关元器件相连，具体是什么联系方框图就无法表达清楚了，这也是方框图的一个不足之处。

一些数字集成电路内电路方框图中，有的引脚上箭头是双向的，这表示信号能够从该引脚输入也能从该引脚输出。

3）方框图识图注意事项

对一般集成电路的内电路是不必进行分析的，只需要通过集成电路内电路方框图来理解信号在集成电路内电路中的放大和处理过程。

方框图的识图要注意以下两点。

（1）方框图是众多电路中首先需要记忆的电路图，所以记住整机电路方框图和其他一些主要系统电路的方框图是学习电子电路的第一步。

（2）生产厂家提供的电路数据中，一般情况下都不给出整机电路方框图，不过大多数同类型设备的电路组成是相似的。利用这一特点，可以用一种电子设备的整机方框图作为同类电子设备的参考图。

## 2.1.3　单元电路图和电路分析

单元电路是指某一个振荡器电路或某一个变频器电路、一级控制电路、一级放大电路、一级反相器电路等是能够完成某一电路功能的最小电路单位。

**1. 单元电路作用和电路特点**

单元电路图是学习整机电子电路工作原理过程中,首先遇到具有完整功能的电路图。这一电路图概念的提出,完全是为了方便电路工作原理分析的需要。

1) 单元电路图作用

图 2-10 所示是某发光二极管指示电路,这是指示电压有无或信号有无的一个比较简单的单元电路。电路中的 LED 为红色(R)发光二极管,R 为限流电阻,其阻值为 300Ω,+5V 为电源的正极,发光二极管的负极接公共端,即 5V 的负极。从这个单元电路中可以看出发光二极管显示电路的电路结构,以及组成电路的各元器件和这些元器件的标称参数。

单元电路图具有下列作用。

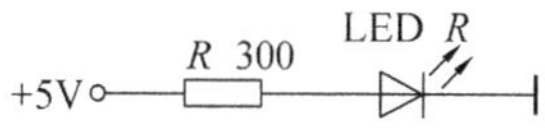

(1) 单元电路图完整地表达某一级电路的结构和工作原理,有时全部标出电路中各元器件的参数,如标称阻值、标称容量和二极管型号等。

图 2-10　发光二极管指示电路

(2) 单元电路图主要用来讲述电路的工作原理。

(3) 单元电路图对理解电路的工作原理和记忆电路的结构、组成很有帮助。

2) 单元电路图特点

单元电路是按设计要求用元器件联机制作成的,若干个单元电路组成整机电路。对单元电路的学习是学好电子电路工作原理的关键。只有掌握了单元电路的工作原理,才能进而分析整机电路。单元电路图具有下列特点.

(1) 单元电路图采用习惯画法,使人一看就明白,如元器件采用习惯画法、各元器件之间采用最短的连线。而在实际的整机电路图中,由于受电路中其他单元电路元器件的制约,有关元器件画得比较乱,有的在画法上不是常见的画法,有的个别元器件画得与该单元电路相距较远,这样电路中的连线很长且弯弯曲曲,造成电路分析和对电路工作原理理解的不便。

(2) 单元电路图主要是为了分析某个单元电路工作原理的方便而单独将这部分电路画出的电路,所以在图中已省去了与该单元电路无关的其他元器件和有关的连线、符号,这样单元电路图就显得比较简洁、清楚,电路分析时没有其他电路的干扰。图 2-11 所示的单管放大器单元电路图中,对电源、输入端和输出端已经加以简化。

在电路图 2-11 中,用 $V_{CC}$ 表示直流工作电压(其中 +12V 表示采用正极性直流电压给电路供电,地端接电源的负极);$u_i$ 表示输入信号,是这一单元电路所要放大或处理的信号;$U_o$ 表示输出信号,是经过这一单元电路放大或处理后的信号。通过单元电路图中的这样标注可方便地找出电源端、输入端和输出端,而在实际电路中,这 3 个端点的电路均与整机电路中的其他电路相连,没有 $V_{CC}$、$u_i$、$u_o$ 等标注,给初学者进行电路分析造成了一定的困难。

例如,见到 $u_i$ 可以知道信号通过电容 $C_1$ 加到三极管 $VT_1$ 基极,见到 $u_o$ 可以知道信号从三极管 $VT_1$ 发射极输出,这相当于在电路图中标出了放大器的输入端和输出端,无疑大大方便了电路工作原理的分析。

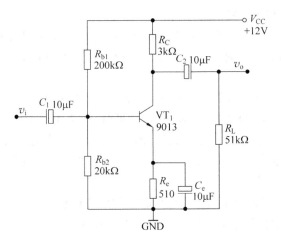

图 2-11　单管放大器单元电路

**2. 单元电路图识图整机**

电路中的各种功能单元电路繁多,许多单元电路的工作原理十分复杂,若在整机电路中直接进行分析就显得比较困难,通过单元电路图分析之后再去分析整机电路就显得比较简单,所以单元电路图的识图也是为整机电路分析服务的。

单元电路的种类繁多,而各种单元电路的具体识图方法有所不同,这里只对共性的问题说明几点。

1）有源单元电路分析

有源电路就是需要电压供电才能工作的电路,如放大器电路。对有源电路的识图,首先分析直流电压供给电路,此时将电路图中的所有电容器看成开路(因为电容器具有隔直特性),将所有电感器看成短路(电感器具有通直的特性)。图 2-12 所示为直流电路分析示意图。

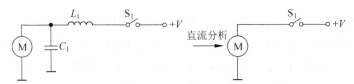

图 2-12　直流电路分析示意图

2）信号传输过程分析

信号传输过程分析就是信号在该单元电路中如何从输入端传输到输出端,信号在这一传输过程中受到了怎样的处理,如得到了放大、衰减或控制等。图 2-13 所示为信号传输的分析方向示意图,一般是从左向右进行的。

3）元器件作用分析

电路中的元器件作用分析非常关键,能不能看懂电路工作原理就是能不能搞懂电路中的各元器件作

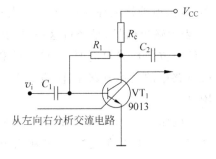

图 2-13　信号传输的分析方向示意图

用。元器件作用分析就是搞懂电路中各元器件起什么作用,主要从直流电路和交流电路两个角度去分析。

举例说明。图 2-14 所示为发光二极管指示电路,LED R 为红色的发光二极管,其主要用来指示 5V 电源的正常与否,$R$ 为限流电阻,设发光二极管允许通过的电流为 10mA,其两端压降为 2V,则 $R = \dfrac{5V-2V}{10mA}(k\Omega) = 300\Omega$。

4)电路故障分析

电路的故障分析对于电子技术初入门的学生来讲是个难点,同学们在做电子技术实验时,经常会出现的问题

图 2-14　发光二极管指示电路

是:只会依样画葫芦,即能按图接线,但当电路出现故障后就无法排除。请读者注意,只有在搞懂电路工作原理之后,电路的故障分析才会变得比较简单,否则电路故障分析寸步难行。

电路故障分析一般从两方面着手。

(1)接线是否可靠。一般在实验室中接线比较容易断路,当用印制板时容易虚焊,要学会用万用表测量接线通否。

(2)元器件情况分析。当电路中元器件出现开路、短路、性能变劣后,对整个电路工作会造成什么样的不良影响,使输出信号出现什么故障现象,如出现无输出信号、输出信号小、信号失真、出现噪声等。要学会对各类元器件好坏的测试。

举例说明电路故障分析。图 2-15 是电源开关电路,S 是电源开关,B1 是 5W 的电源变压器,其正常工作的工作原理是:合上电源开关 S,交流 220V 电压加在变压器 B1 的原边,变压器副边应输出 12V 交流电压。若合上 S,变压器副边没有输出 12V 交流电压,该电路就是一个故障电路。

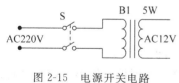

图 2-15　电源开关电路

故障分析如下。

(1)接线是否可靠。用万用表交流电压挡测电源开关 S 的左侧,看是否有 220V,若无 220V 则电源线或 220V 插头、插座有问题。

(2)元器件情况分析。若电源开关 S 的左侧有 220V,则测 B1 的右侧,若无 12V 则 B1 的原边或副边损坏,即该变压器线圈可能有开路现象。

这种故障查找法叫顺向故障查找法,即故障查找是电源(信号)的输入端开始顺序查找的,一般适合初学者,因为其顺序是按电路图从左向右的,思路非常清楚。读者若有较好的识图能力,在模拟电子电路中往往可采用逆向故障查找法,即从负载开始逆向向信号输入的方向开始查找,往往可以达到事半功倍的效果。

## 2.1.4　印刷电路图及分析

### 1. 印刷电路图作用和特点

印刷电路图是专门为元器件装配和机器修理服务的图,它与各种电路图有着本质上的

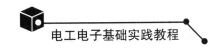

不同,印刷电路板是电子产品的主要硬件。

1)印刷电路图的主要作用

(1)通过印刷电路图可以方便地在实际电路板上找到电原理图中某个元器件的具体位置,没有印刷电路图时查找就不方便。

(2)印刷电路图起到电原理图和实际电路板之间的沟通作用,是方便装配与维修工作不可缺少的数据之一,没有印刷电路图将影响工作速度,甚至妨碍装配与维修正常思路的顺利展开。

(3)印刷电路图表示了电原理图中各元器件在电路板上的分布状况和具体的位置,给出了各元器件引脚之间联机(铜箔线路)的走向。

(4)印刷电路图是一种十分重要的修理数据,通常将电路板上的情况 1:1 地画在印刷电路图上。

2)印刷电路图特点

印刷电路图具有下列特点。

(1)从印刷电路设计的效果出发,电路板上的元器件排列、分布不像电原理图那么有规律,这给印刷电路图的识图带来了诸多不便。

(2)印刷电路图表示元器件时用电路符号,表示各元器件之间连接关系时不用线条而用铜箔线路,有些铜箔线路之间还用跨线连接,此时又用线条连接,所以印刷电路图看起来很"乱",这些都影响识图。

(3)印刷电路图上画有各种引线,而且这些引线的绘画形式没有固定的规律,这给看图造成不便。

(4)铜箔线路排布、走向比较"乱",而且经常遇到几条铜箔线路并行排列,给观察铜箔线路的走向造成不便。

**2. 印刷电路图识图方法和技巧**

1)识图方法和技巧

由于印刷电路图比较"乱",采用下列方法和技巧可以提高识图速度。

(1)根据一些元器件的外形特征可以比较方便地找到这些元器件。外形比较容易辨认的元器件有集成电路、功率放大管、开关件、变压器等。

(2)对于集成电路而言,根据集成电路上的型号可以找到某个具体的集成电路。尽管元器件的分布、排列没有规律可言,但是同一个单元电路中的元器件相对而言还是集中在一起的。

(3)一些单元电路比较有特征,根据这些特征可以方便地找到,如整流电路中的二极管比较多、功率放大管上有散热片、滤波电容的容量最大及体积最大等。

(4)找地线时,电路板上大面积铜箔线路是地线,一块电路板上的地线处处相连。另外,一些元器件的金属外壳接地。找地线时,上述任何一处都可以作为地线使用。在一些机器的各块电路板之间,地线也是相连接的,但是当每块接插件没有接通时,各块电路板之间的地线是不通的,这一点在检修时要注意。

(5)印刷电路图与实际电路板对照过程中,在印刷电路图和电路板上分别画一致的看图方向,以便拿起印刷电路图就能与电路板有同一个看图方向,省去每次都要对照看图的方向,这样可以大大方便看图。

2) 举例说明

找某个电阻器或电容器时,不要直接去找它们,因为电路中的电阻器、电容器很多,寻找不方便,可以间接地找到它们,方法是先找到与它们相连的三极管或集成电路,顺着线路就可以找到它们了。或者根据电阻器、电容器所在单元电路的特征,先找到该单元电路,再寻找电阻器和电容器。

图 2-16 所示为流水灯电路中的脉冲产生电路,寻找电路中的电阻 $R_w$、$R_1$,先找到集成电路 IC1,因为电路中集成电路较少,找到集成电路 IC1 比较快捷。然后,利用集成电路的引脚分布规律找到 4 号脚与 5 号脚,该两脚之间就接着电位器 $R_w$ 和电阻 $R_1$。同理,只要找到集成电路 IC1 的 3 号脚就可找到电容 $C$。

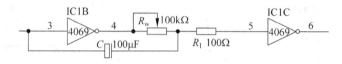

图 2-16　寻找元器件示意图

## 2.2　Protel DXP 操作与应用

Protel DXP 是一款 Windows NT/XP 的全 32 位电子设计系统,提供了一套完全集成的设计。所有的 Protel DXP 工具需要在一个单一应用环境——设计探索者(the Design Explorer)中运行。本节将介绍如何建立一张原理图、从 PCB 更新设计信息以及产生生产输出文件的预览。

### 2.2.1　原理图绘制

**1. Protel DXP 设计探索者**

设计探索者是设计和设计工具的界面。要启动 Protel 并打开设计探索者,从 Windows "开始"菜单中选择 Programs→Altium→Protel DXP。当打开 Protel DXP 后,将显示最常用的初始任务以方便选择(图 2-17)。

建立了设计文件夹后,就可以在编辑器之间转换,如原理图编辑器和 PCB 编辑器。设计探索者将根据当前所工作的编辑器来改变工具栏和菜单。一些工作区面板的名字最初也会显示在工作区右下角。在这些名字上单击将会弹出面板,这些面板可以通过移动、固定或隐藏来适应工作环境。图 2-18 展示了当几个文件和编辑器同时打开并且窗口进行平铺时的设计探索者。

**2. 设计文件的保存**

Protel DXP 将所有的设计文件和输出文件都作为个体文件保存在硬盘上。可以使用 Windows Explorer 来查找。建立的项目文件可以包含设计文件的连接,这样使得设计验证

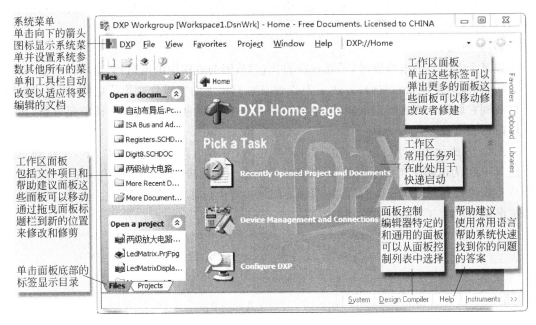

图 2-17  Protel DXP 开启后初始界面

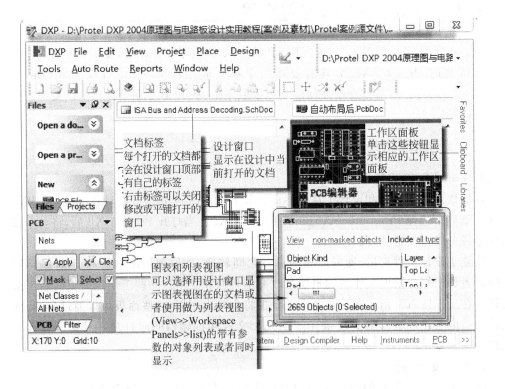

图 2-18  建立文件后的窗口

和同步成为可能。

### 3．创建一个新项目

在 Protel DXP 中，一个项目包括所有文件夹的连接和与设计有关的设置。一个项目文件，如 xxx. PrjPCB，是一个 ASCII 文本文件，用于列出在项目里有哪些文件以及有关输出的配置，如打印和 CAM。那些与项目没有关联的文件称为"自由文件"。与原理图纸和目标输出的连接，如 PCB、FPGA、VHDL 或库封装，将添加到项目中。一旦项目被编辑，就会产生设计验证、同步和对比。例如，当项目被编辑后，项目中的原始原理图或 PCB 都会被更新。

建立一个新项目的步骤对各种类型的项目都是相同的。这里将以 PCB 项目为例。首先要创建一个项目文件，然后创建一个空的原理图图纸以添加到新的空项目中。在这个教程的最后将创建一个空白 PCB，并将它同样添加到项目中。

创建一个新的 PCB 项目操作如下。

(1) 在设计窗口的 Pick a Task 区中单击 Create a new Board Level Design Project。

另外，也可以在 Files 面板中的 New 区单击 Blank Project（PCB）。如果这个面板未显示，则选择 File→New 菜单命令，或单击设计管理面板底部的 Files 标签。

(2) 下面将创建一个原理图并添加到空项目文件。这个原理图是一个多谐振荡器电路。

出现 Projects 面板，并列出了新的项目文件、PCB Project1. PrjPCB、no documents added 文件夹。

通过选择 File→Save Project As 菜单命令来将新项目重命名（扩展名为 PrjPCB）。指定这个项目保存在硬盘上的位置，在文件名栏里输入文件名 Multivibrator. PrjPCB，并单击 Save 按钮。

### 4．创建一个新的原理图图纸

创建一个新的原理图图纸按照以下步骤来完成。

选择 File→New 菜单命令，并单击 Schematic Sheet。一个名为 Sheet1. SchDoc 的原理图图纸出现在设计窗口中，并且原理图文件夹也自动地添加（连接）到项目。这个原理图图纸列在 Projects 标签中的 Schematic Sheets 文件夹下，如图 2-19 所示。

可以自定义工作区，如可以重新放置浮动的工具栏。单击并拖动工具栏的标题区，然后移动鼠标重新定位工具栏。也可以改变工具栏，即可以将其移动到主窗口区的左边、右边、上边或下边。

现在可以在设计开始之前将空白原理图添加到项目中了。

选择 File→Save As 菜单命令，将新原理图文件重命名（扩展名为 SchDoc）。指定这个原理图的保存位置，在文件名栏输入 Multivibrator. SchDoc，并单击 Save 按钮。

当空白原理图图纸打开后，将看到工作区发生了变化。主工具栏增加了一组新的按钮，出现新的工具栏，并且菜单栏增加了新的菜单项。

### 5．将原理图图纸添加到项目中

如果想添加的项目文件中的原理图图纸已经作为自由文件夹被打开，那么在 Projects

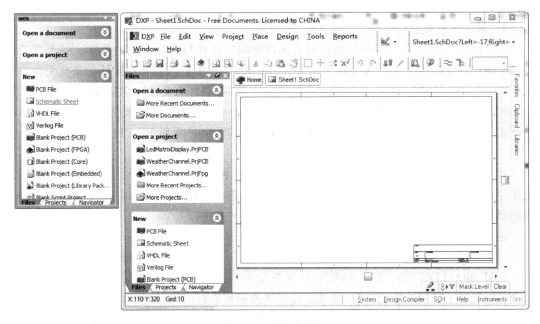

图 2-19　创建原理图

面板的 Free Documents 单元 schematic document 文件夹上右击，并选择快捷菜单中的 Add to Project 命令。现在这个原理图图纸就列在 Projects 标签中的 Schematic Sheets 文件夹下，并连接到项目文件。

**6. 设置原理图选项**

在开始绘制电路图之前首先要做的是设置正确的文件夹选项。需完成以下步骤。

（1）从菜单栏选择 Design→Options 命令，打开文件夹选项对话框。这里唯一需要修改的是将图纸大小（sheet size）设置为标准 A4 格式。在 Sheet Options 标签，单击 Standard Styles 下拉箭头，弹出图纸样式的列表。

（2）在 Protel DXP 中，可以通过只按菜单热键（在菜单名中带下画线的字母）来激活相应菜单。例如，选择 View→Fit Document 菜单命令的热键就是在按了 V 键后按 D 键。许多子菜单，如 Edit→DeSelect 菜单，是可以直接调用的。要执行 Edit→DeSelect→All 命令，只需按 X 键（用于直接调用 DeSelect 菜单）及 A 键。

下面将进行一般的原理图参数设置。

选择菜单栏中的 Tools→Preferences 命令（或按热键 T、P），打开原理图参数对话框。在该对话框中可以设置全部参数，用于编辑原理图。

单击 Default Primitives 标签，勾选 Permanent 复选框。单击 OK 按钮关闭对话框。

在绘制原理图之前，应保存这个原理图，选择 File→Save 菜单命令（或按热键 F、S）。

若将文件再全部显示在可视区，可以选择 View→Fit Document 菜单命令。

**7. 绘制原理图**

现在开始绘制原理图了。这里将使用图2-20(2.3节中调光台灯电路原理图)所示的电路。该电路用了一个BT169晶闸管来设计调光台灯。

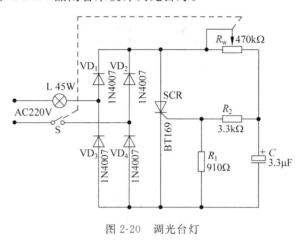

图2-20 调光台灯

**8. 定位元件和加载元件库**

Protel DXP 的原理图编辑器提供了强大的库搜索功能。通过以下操作步骤可定位并添加电路所要用到的库。

首先要查找晶闸管 SCR。

单击 Libraries 标签显示库工作区面板。

添加的库将显示在库面板的顶部。如果单击列表中的库名,库中的元件会出现在下面列表中。面板中的元件过滤器可以用来在一个库内快速定位一个元件。

在库面板中单击"查找"按钮,或选择 Tools→Find Component,将打开查找库对话框。

确认 Scope 被设置为 Libraries on Path,并且 Path 区含有指向库的正确路径。如果接受安装过程中的默认目录,路径中会显示 C:\Program Files\Altium\Library\。确认 Include Subdirectories 未被选择。

若想查找所有与 SCR 有关的内容,应在 Search Criteria 单元的 Name 文本框内输入 SCR。

单击"查找"按钮开始查找。当进行查找时将显示 Results 标签。如果输入的规则正确,将被查找的库将显示在查找库对话框中。

单击 Miscellaneous Devices. IntLib 库以选择它。

单击 Install Library 按钮使这个库在你的原理图中可用。

关闭查找库对话框。

具体如图2-21所示。

从菜单栏中选择 View→Fit Document 命令(或按热键 V、D),确认你的原理图纸显示在整个窗口中。

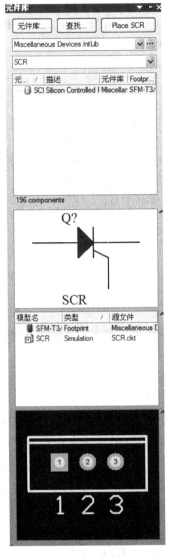

图 2-21　元件库

单击 Libraries 标签可显示 Libraries 面板。

单击 Miscellaneous Devices. IntLib 库可将其选定为当前库。

使用过滤器可快速定位所需要的元件。默认通配符（＊）将列出在库中找到的所有元件。在库名下的过滤器栏内输入 SCR 可设置过滤器，将显示一个有 SCR 作为元件名的元件列表。

在列表中单击 SCR 以选择它，然后单击 Place 按钮。另外，还可以双击元件名。光标将变成十字形，并且在光标上"悬浮"着一个晶闸管的轮廓，此时正处于元件放置状态，如果移动光标，晶闸管轮廓也会随之移动。

在原理图上放置元件之前,首先要编辑其属性。在晶闸管悬浮在光标上时按 Tab 键,将打开 Component Properties(元件属性)对话框,如图 2-22 所示。

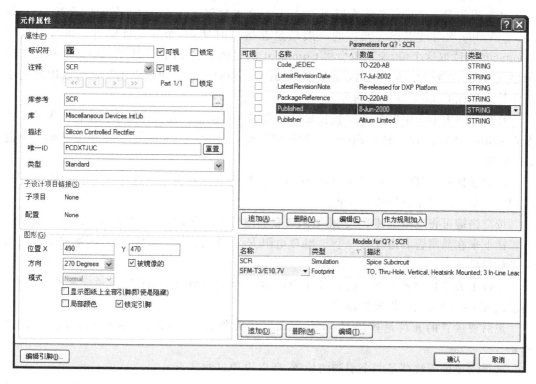

图 2-22 "元件属性"对话框

在"属性"区域,在"标识符"文本框中输入 BT169 以将其值作为第一个元件序号。

下面将检查在 PCB 中用于表示元件的封装。这里已经使用了集成库,这些库包括封装和电路仿真的模型。确认在模型列表中含有模型名 SFM-T3/E10.7V。保留其余栏为默认值。

**9. 准备放置元件**

移动光标(附有晶闸管符号)到图纸中间偏左一点的位置。在对晶闸管的位置满意后,单击或按 Enter 键将晶闸管放在原理图上。移动光标就会发现,晶闸管的一个复制品已经放在原理图纸上了,而现在仍然处于在光标上悬浮着元件轮廓的元件放置状态,Protel DXP 的这个功能让你放置许多相同型号的元件。

**10. 放两个电阻**

在 Libraries 面板中,确认 Miscellaneous Devices.IntLib 库为当前库。在库名下的过滤器栏里输入 res1 来设置过滤器。

在元件列表中单击 RES1,然后单击 Place 按钮。此时会有一个悬浮在光标上的电阻符号。

按 Tab 键编辑电阻的属性。在对话框的"属性"区域,在"标识符"文本框中输入 R1 以

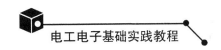

将其值作为第一个元件序号。

确认模型名为 AXIAL-0.3 包含在模型列表中。

对电阻的参数栏的设置将在原理中显示,并在本教程以后运行电路仿真时会被 DXP 使用。＝Value 规则可以作为元件的一般信息在仿真时使用,个别元件除外。也可以设置 Comment 来读取这个值,而这也会将 Comment 信息体现在 PCB 设计工具中。没必要将该值输入两次(在规则中的＝Value 和 Comment 栏),DXP 提供"间接引用",这可以用规则中的字符来替代 Comment 栏的内容。

在规则列表单元中单击 Add 按钮显示参数属性对话框。在名称文本框中输入 Value 以及在 value 中输入 910。确认 String 作为规则类型,并且勾选 value 的 Visible 复选框。单击 OK 按钮。

在对话框的"属性"区域,单击 Comment 栏,并从下拉列表框中选择＝Value,将 Visible 关闭。单击 OK 按钮返回放置模式。

按空格键可将电阻旋转 90°。将电阻放在晶闸管左下角,然后单击或按 Enter 键放下元件。接下来在晶闸管右边放另一个 3.3kΩ 电阻 $R_2$。放完所有电阻后,右击或按 Esc 键退出元件放置模式。

按以上方法再放置 4 个二极管、1 个电位器、1 个电解电容、1 个开关,放完所有元件后,右击或按 Esc 键退出元件放置模式。

最后要放置的元件是连接器(connector),该元件在 Miscellaneous Connectors. IntLib 库里。

这里需要的连接器是两个引脚的插座,所以设置过滤器为 ∗2∗。

在元件列表中选择 HEADER2 并单击 Place 按钮。按 Tab 编辑其属性并设置 Designator 为 Y1,检查 PCB 封装模型为 HDR1X2。由于在仿真电路时将把这个元件作为电路,所以不需要作规则设置。单击 OK 按钮关闭对话框。

在放置连接器之前,按 X 键做水平翻转。在原理图中放置连接器。右击或按 Esc 键退出放置模式。

从菜单栏中选择 File→Save 命令(或按热键 F、S)保存原理图。

现在放完了所有的元件。注意在元件之间留有间隔,这样就有大量的空间用来将导线连接到每个元件引脚上。这一点很重要,因为你不能将一根导线穿过一个引线的下面来连接在它的范围内的另一个引脚;否则,两个引脚就都连接到导线上了。

如果需要移动元件,单击并拖动元件体即可,如图 2-23 所示。

**11. 连接电路**

连线可将电路中的各种元件之间建立连接。要在原理图中连线,需完成以下步骤。

(1) 从菜单栏中选择 View→Fit All Objects 命令(或按热键 V、F)。

(2) 从菜单栏中选择 Place→Wire 命令(或按热键 P、W)或从 Wiring Tools(连线工具)工具栏单击 Wire 工具进入连线模式。光标将变为十字形状。

(3) 当光标放对位置时,一个红色的连接标记(大的星形标记)会出现在光标处。这表示光标在元件的一个电气连接点上。

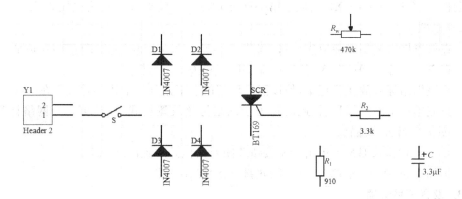

图 2-23 放置了所有元件的原理图

（4）单击或按 Enter 键固定第一个导线点。移动光标时会看见一根导线从光标处延伸到固定点。

（5）单击或按 Enter 键放置导线段，然后右击或按 Esc 键表示已经完成该导线的放置。注意两条导线是怎样自动连接上的。

（6）连接电路中的所有部分，具体如图 2-24 所示。

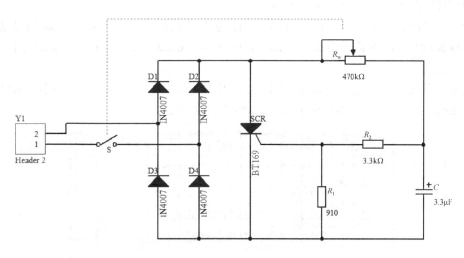

图 2-24 调光台灯原理图

在完成所有的导线连接之后，右击或按 Esc 键退出放置模式。光标恢复为箭头形状。

**12. 网络与网络标签**

彼此连接在一起的一组元件引脚称为网络（net），如一个网络包括晶闸管的控制极、R1的一个引脚和 R2 的一个引脚。

在设计中识别重要的网络是很容易的，你可以添加网络标签（net labels）。

在两个电源网络上放置网络标签：从菜单栏中选择 Place→Net Label 命令。一个虚线框将悬浮在光标上。

至此,已经用 Protel DXP 完成了第一张原理图。在将原理图转为电路板之前,先进行项目选项设置。

- 在放置网络标签之前应先编辑,按 Tab 键显示 Net Label(网络标签)对话框。
- 在 Net 栏输入 AC220V,然后单击 OK 按钮关闭对话框。
- 将该网络标签放在原理上,使该网络标签的左下角与最上边的导线靠在一起。
- 放完第一个网络标签后,此时仍处于网络标签放置模式,在放第二个网络标签之前按 Tab 键进行编辑。
- 在 Net 栏输入 GND,单击 OK 按钮关闭对话框并放置网络标签。
- 选择 File→Save 菜单命令(或按热键 F、S)保存电路。

**13. 设置项目选项**

项目选项包括错误检查规则、连接矩阵、比较设置、ECO 启动、输出路径和网络选项以及指定的项目规则。在编辑项目时 Protel DXP 将进行以下设置。

当编辑项目时,将应用详尽的设计和电气规则于验证设计。当所有错误被纠正后,原理图设计的再编辑将被启动的 ECO 加载到目标文件,如一个 PCB 文件。项目比较允许你找出源文件和目标文件之间的差别,并进行更新(同步)。

所有与项目有关的操作,如错误检查、比较文件和 ECO 启动均在 Options for Project 对话框中设置(选择 Project→Project Options)。

所有项目输出,如网络表、仿真器、文件的提供(打印)、集合和制造输出及报告在 Outputs for Project 对话框中设置(Project→Output Jobs)。参见设置项目输出可获得更多信息。

选择 Project→Project Options 菜单命令,出现 Options for Project 对话框。所有与项目有关的选项均通过这个对话框来设置,如图 2-25 所示。

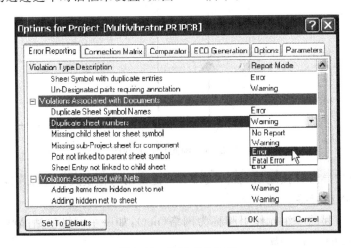

图 2-25 设置项目输出

**14. 检查原理图的电气参数**

在 Protel DXP 中,原理图功能不仅是绘制原理图,还包含关于电路的连接信息。可以使用连接检查器来验证你的设计。当编辑项目时,DXP 将根据在 ErrorReporting 和 Connection Matrix 标签中的设置来检查错误,如果有错误发生则会显示在 Messages 面板中。

**15. 设置错误报告**

在 Options for Project 对话框中的 Error Reporting 标签用于设置设计草图检查。报告模式(Report Mode)表明违反规则的严格程度。如果要修改 Report Mode,单击要修改的违反规则旁的 Report Mode 选项,并从下拉列表框中选择严格程度。这里使用默认设置。

**16. 设置连接矩阵**

连接矩阵标签(Options for Project 对话框)显示的是错误类型的严格性,这将在设计中运行错误报告检查电气连接产生,如引脚间的连接、元件和图纸输入。这个矩阵给出了一个在原理图中不同类型的连接点以及是否被允许的图表描述。

例如,在矩阵图的右边找到 Output Pin,从这一行找到 Open Collector Pin 列。在它的相交处是一个橙色的方块,表示在原理中从一个 Output Pin 连接到一个 Open Collector Pin 的颜色将在项目被编辑时启动一个错误条件,如图 2-26 所示。

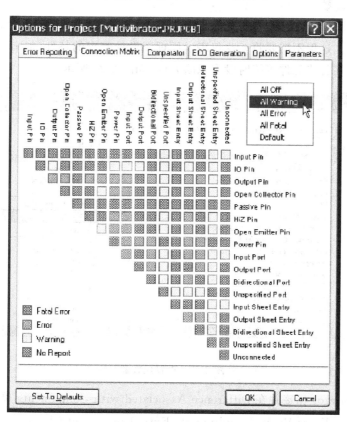

图 2-26　设置连接矩阵

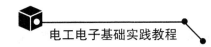

可以用不同的错误程度来设置每一个错误类型,如对一些致命的错误不予报告。

修改连接错误的步骤如下。

(1) 单击 Options for Project 对话框的 Connection Matrix 标签。

我们的电路不只包含 Passive Pins(在电阻、电容和连接器上)和 Input Pins(在晶闸管上)。检查一下看看连接矩阵是否会侦测出未连接的 Passive Pins。

(2) 在行标签中找到 Passive Pin,在列标签中找到 Unconnected。它们的相交处的方块表示在原理中当一个 Passive Pin 被发现未连接时的错误条件。默认是一个绿色方块,表示运行时不给出报告。

(3) 单击两种类型连接的相交处的方块,如 Output Sheet Entry and Open Collector Pin。

(4) 在方块变为图例中的 errors 表示的颜色时停止单击,如一个橙色方块表示一个错误将表明这样的连接是否被发现。

(5) 单击这个相交处的方块,直到它变为黄色,这样当修改项目时,未连接的 Passive Pins 被发现时就会给出警告。

**17. 设置比较器**

Options for Project 对话框的 Comparator 标签用于设置当一个项目修改时给出文件之间的不同或忽略。这里不需要将一些仅表示原理图设计等级的特性(如 rooms)之间的不同显示出来。确认在忽略元件等级时没有忽略元件,如图 2-27 所示。

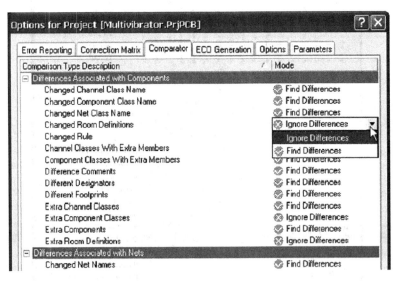

图 2-27  设置比较器

单击 Comparator 标签并在 Difference Associated with Components 单元找到 Changed Room Definitions、Extra Room Definitions 和 Extra Component Classes。

从这些选项右边的 Mode 列中的下拉列表框中选择 Ignore Differences。

现在准备编辑项目并检查所有错误了。

**18．编辑项目**

编辑一个项目就是在设计文档中检查草图和电气规则错误并将你置于一个调试环境。我们已经在 Options for Project 对话框中对 Error Checking 和 Connection Matrix 标签中的规则进行了设置。

要编辑 Multivibrator 项目，选择 Project→Compile PCB Project 菜单命令。

当编辑项目时，任何已经启动的错误均将显示在设计窗口下部的 Messages 面板中。被编辑的文件会与同级的文件、元件和列出的网络以及一个能浏览的连接模型一起列表在 Compiled 面板中。

如果你的电路绘制正确，Messages 面板应该是空白的。如果报告给出错误，则检查电路并确认所有导线和连接是正确的。

现在要小心地加入一个错误到电路中并重新编辑项目：

（1）在设计窗口的顶部单击 Multivibrator.SchDoc 标签，以使原理图为当前文档。

（2）单击连接 R1 和 SCR 门基极的导线的中部，在导线的端点将出现小的方形编辑热点，一条沿着导线的虚线将显示选择颜色以表示这条导线被选取了。按 Delete 键删除这条导线。

（3）重新编辑项目（Project→Compile PCB Project）以检查错误被找到。

Messages 面板将打开并给出一个警告信号：在你的电路中有一个未连接的输入引脚。一个悬浮输入引脚错误也会运行，这是因为在 Project Options 对话框的 Error Reporting 标签中有一个检查悬浮输入引脚的特殊选项。

（4）在 Messages 面板单击一个错误，Compile Error 窗口将显示错误的详细情况。从这个窗口，可单击一个错误并跳转到原理图的错误对象以便检查或修改错误。

下面将原理图中的错误修复。

（1）单击原理图图纸标签使其激活。

（2）从菜单栏中选择 Edit→Undo 命令（或按热键 E、U），先前删除的导线现在又恢复了。

（3）要检查恢复是否成功，可重新编辑项目（Project→Compile PCB Project），检查有没有错误。Messages 面板应该显示（no errors）。

（4）从菜单栏中选择 View→Fit All Objects 命令（或按热键 V、F）恢复原理图视图，并保存无错误原理图。

## 2.2.2　PCB 文件设计

本小节主要介绍 Protel DXP 中 PCB 文件的设计方法，主要内容包括以下几点。

- 创建一个新的 PCB 文件。
- 将新的 PCB 添加到项目。
- 转换设计。

- 更新 PCB。

- 设计 PCB。

- 设置栅格。

- 定义板层和其他非电层。

- 设置新的设计规则。

- 在 PCB 上放置元件。

**1. 创建一个新的 PCB 文件**

在从原理图编辑器转换到 PCB 编辑器之前,需要创建一个有最基本的板子轮廓的空白 PCB。在 Protel DXP 中创建一个新的 PCB 设计的最简单方法是使用 PCB 向导,选择工业标准板轮廓,可自定义板子尺寸。在向导中,可以单击 Back 按钮来检查或修改以前页的内容。

要使用 PCB 向导来创建 PCB,需完成以下步骤。

(1) 在 Files 面板底部的 New from Template 区域单击 PCB Board Wizard 创建新的 PCB。如果这个选项没有显示在屏幕上,单击向上的箭头图标关闭上面的一些单元。

(2) 打开 PCB Board Wizard,首先看见的是介绍页。单击 Next 按钮继续。

(3) 设置度量单位为英制(Imperial)。注意,1000 mils = 1 inch。

(4) 向导的第三页允许选择要使用的板轮廓。这里使用自定义的板子尺寸。从板轮廓列表中选择 Custom,单击 Next 按钮。

(5) 进入了自定义板选项。在电路中,选择一个 2 inch × 2 inch 的板子即可。选择 Rectangular 并在 Width 和 Height 栏输入 2000。取消选择 Title Block & Scale、Legend String 和 Dimension Lines 以及 Corner Cutoff 和 Inner Cutoff。单击 Next 按钮继续。

(6) 这里可以选择板子的层数。需要两个 signal layer,不需要 power planes。单击 Next 按钮继续。

(7) 在设计中使用的过孔(via)样式选择 Thru-hole vias only,单击 Next 按钮。

(8) 设置元件/导线的技术(布线)选取项。选择 Thru-hole components 选项,将相邻焊盘(pad)间的导线数设为 One Track。单击 Next 按钮继续。

(9) 设置一些应用到你的板子上的设计规则。保持默认值。单击 Next 按钮继续。

(10) 将自定义的板子保存为模板,允许你按你输入的规则来创建新的板子基础。这里不想将板子保存为模板,确认该选项未被选择,单击完成按钮关闭向导。

具体如图 2-28 所示。

PCB 向导现在收集了它需要的所有信息来创建你的新板子。PCB 编辑器将显示一个名为 PCB1. PcbDoc 的新的 PCB 文件。

PCB 文档显示的是一个默认尺寸的白色图纸和一个空白的板子形状(带栅格的黑色区域)。要关闭图纸,选择 Design→Options,在 Board Options 对话框取消选择 Design Sheet。

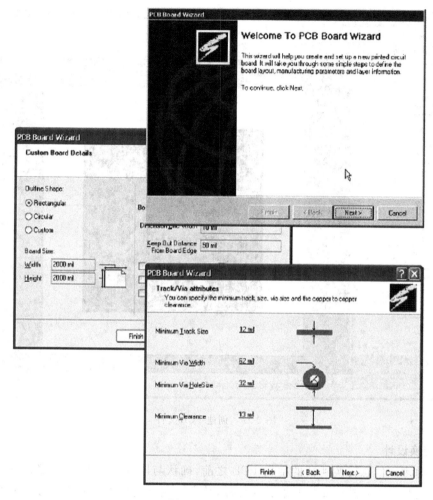

图 2-28 PCB 向导

可以使用 Protel DXP 从其他 PCB 模板中添加你自己的板框、栅格特性和标题框。要获得关于板子形状、图纸和模板的更多信息,参见板子形状和图纸教程,如图 2-29 所示。

现在图纸被关闭,选择 View→Fit Board 命令(或按热键 V、F)将只显示板子形状。

PCB 文档会自动添加(连接)到项目,并列表在 Projects 标签中紧靠项目名称的 PCBs 下面。

选择 File→Save As 菜单命令可将新 PCB 文件重命名(用 PcbDoc 扩展名)。指定要把这个 PCB 保存的位置,在文件名文本框中输入 Multivibrator.PcbDoc,并单击 Save 按钮。

**2. 将新的 PCB 添加到项目**

如果想添加到项目的 PCB 是以自由文件打开的,在 Projects 面板的 Free Documents 单元右击 PCB 文件,选择快捷菜单中的 Add to Project 命令。这个 PCB 现在就列表在 Projects 标签紧靠项目名称的 PCBs 下面,并连接到项目文件。

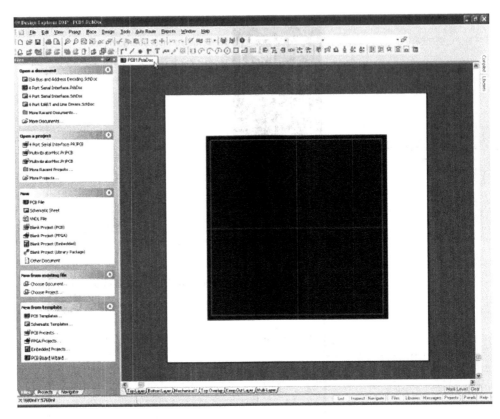

图 2-29　创建 PCB 文件

**3. 转换设计**

在将原理图信息转换到新的空白 PCB 之前，确认与原理图和 PCB 关联的所有库均可用。由于这里只用到默认安装的集成元件库，故所有封装也已经包括在内了。只要项目已经编辑过并且在原理图中的任何错误均已修复，那么使用 Update PCB 命令来启动 ECO 就能将原理图信息转换到目标 PCB。

**4. 更新 PCB**

将项目中的原理图信息发送到目标 PCB。

（1）在原理图编辑器选择 Design Update PCB（Multivibrator. PcbDoc），进行项目修改，出现 Engineering Change Order 对话框。

（2）单击 Validate Changes。如果所有的改变均有效，状态列表中将出现检查结果。如果改变无效，则关闭对话框。检查 Messages 面板并清除所有错误。

（3）单击 Execute Changes 将改变发送到 PCB。完成后，状态变为完成（Done）。

（4）单击 Close 按钮，目标 PCB 打开，而元件也在板子上准备放置。如果在当前视图不能看见元件，应按热键 V、D（查看文档）。

**5. 设计 PCB 及设置 PCB 工作区**

现在可以开始在 PCB 上放置元件并在板上布线。在将元件定位在板子上之前,需要设置 PCB 工作区,如栅格、层和设计规则。

下面设置一些选项,这样可以使定位元件更容易些。

(1) 从菜单栏中选择 Tools→Preferences 菜单命令(或按热键 T、P),打开 System Preferences 对话框。在 Options 标签的 Editing Options 区域,确认 Snap to Center 选项被选中。这会使你在抓住一个元件定位时,光标就会定位在元件的参考点上。

(2) 单击 System Preferences 对话框中 Display 标签。在 Show 区域,取消选择 Show Pad Nets、Show Pad Numbers 和 Via Nets 选项。在 Draft Thresholds 区域,将 Strings 栏设置为 4 pixels,然后关闭对话框。

**6. 设置栅格**

在开始定位元件之前,需要确认放置栅格设置正确。放置在 PCB 工作区的所有对象均排列在称为捕获栅格(snap grid)上。这个栅格需要设置得适合要使用的布线技术。

这里电路用的是标准英制元件,其最小引脚间距为 100mil。将这个捕获栅格设定为 100mil 的一个平均分数,50mil 或 25mil,这样所有的元件引脚在放置时均将落在栅格点上。当然,板子上的导线宽度和间距分别是 12mil 和 13mil(这是 PCB 板向导使用的默认值),在平行导线的中心之间允许最小为 25mil。所以最合适的捕获栅格应设为 25mil。

设置捕获栅格完成以下步骤。

(1) 从菜单栏中选择 Design→Options 命令(或按热键 D、O),打开 Board Options 对话框。

(2) 在 Grids 标签,将对话框中的 Snap X、Snap Y、Component X 和 Component Y 栏的值设为 25mil。注意这个对话框也用来定义电气栅格。电气栅格在放置一个电气对象时工作,它将忽略捕获栅格而同时捕获电气对象。单击 OK 按钮关闭对话框。

**7. 定义板层和其他非电层**

如果查看 PCB 工作区的底部,就会看见一系列层标签。PCB 编辑器是一个多层环境,所做的大多数编辑工作都将在一个特殊层上。使用 Board Layers 对话框(Design→Board Layers)来显示、添加、删除、重命名及设置层的颜色,如图 2-30 所示。

在 PCB 编辑器中有 3 种类型的层。

电气层:包括 32 个信号层和 16 个平面层。电气层在设计中添加或移除是在板层管理器中,选择 Design→Layer Stack Manager 来显示这个对话框。

机械层:有 16 个用途的机械层,用来定义板轮廓、放置厚度,包括制造说明或其他设计需要的机械说明。这些层在打印和底片文件产生时都是可选的。在 Board Layers 对话框中可以添加、移除和命名机械层。

特殊层:包括顶层和底层丝印层、阻焊和助焊层、钻孔层、禁止布线层(用于定义电气边界)、多层(用于多层焊盘和过孔)、连接层、DRC 错误层、栅格层和孔层。在 Board Layers 对话框中可控制这些特殊层的显示。

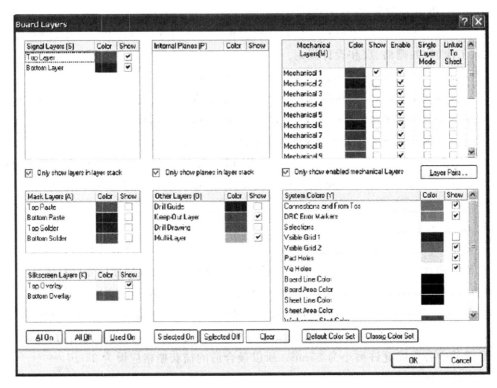

图 2-30  设置 PCB 层

选择 Design→Layer Stack Manager 菜单命令，弹出 Layer Stack Manager 对话框，如图 2-31 所示。

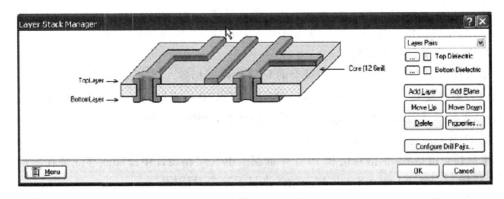

图 2-31  PCB 层管理

新层和平面添加在当前所选择的层下面。层的参数，如铜厚和非电参数都会用在信号完整性分析中。单击 OK 按钮关闭对话框。

打开新电路板时会有许多用不上的可用层，因此，要关闭一些不需要的层。完成以下步骤来关闭层。

- 按快捷键 L 显示 Board Layers 对话框。
- 右击并选择快捷菜单中的 Used On 命令关闭。
- 确认 4 个 Mask 层和 Drill Drawing 层名称旁边的 Show 按钮因没有勾选而不会显示。单击 OK 按钮关闭对话框。

**8. 设置新的设计规则**

Protel DXP 的 PCB 编辑器是一个规则驱动环境。这意味着,当你在 PCB 编辑器中工作并执行那些改变设计的操作时,如放置导线、移动元件或自动布线,PCB 编辑器将一直监视每一个操作,并检查设计是否仍然满足设计规则。

设计规则分为 10 个类别,并进一步分为设计类型。设计规则覆盖了电气、布线、制造、放置、信号完整性要求。

将对电源网络布线宽度设置新的设计规则。完成以下步骤来设置这些规则。

- PCB 为当前文档时,从菜单栏中选择 Design→Rules 命令。
- 出现 PCB Rules and Constraints Editor 对话框。每一类规则都显示在对话框的设计规则面板(左手边)。双击 Routing 类展开后,可以看见有关布线的规则。然后双击 Width 显示宽度规则为有效。

具体如图 2-32 所示。

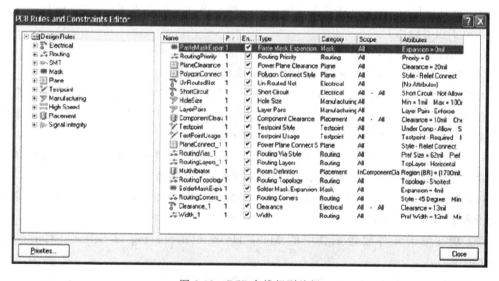

图 2-32 PCB 布线规则编辑

- 在设计规则面板中每个规则都单击一次来选择。当在每个规则上单击后,对话框右边会在顶部单元显示规则范围(你所要的这个规则的目标),而在底部区域显示规则的约束特性。这些规则都是默认值,或已经由板向导在创建新的 PCB 文档时设置。
- 单击 Width_1 规则,显示它的约束特性和范围。这个规则应用到整个板。

Protel DXP 的设计规则系统的一个强大功能是:可以定义同类型的多重规则,而每个目标对象又不相同。每一个规则目标的同一组对象在规则的范围里定义。规则系统使用预定义等级来决定将哪个规则应用到每个对象。

例如,你可能有一个对整个板的宽度约束规则(即所有的导线都必须是这个宽度),而对接地网络需要另一个宽度约束规则(这个规则忽略前一个规则),在接地网络上的特殊连接却需要第三个宽度约束规则(这个规则忽略前两个规则)。规则依优先权顺序显示。

- 其他规则或关闭对话框时将予以保存。
- 最后,双击最初的板子范围宽度规则名 Width_1,将 Minimum、Maximum 和 Preferred 宽度栏均设为 12mil。单击 OK 按钮关闭 PCB Rules and Constraints Editor 对话框。

当用手工布线或使用自动布线器时,所有的导线均为 12mils,除了 GND 和 12V 的导线为 25mils。

### 9. 在 PCB 中放置元件

放置右边元件的步骤如下:

(1) 按快捷键 V、D 将显示整个板子和所有元件。

(2) 现在放置连接器 Y1,将光标放在连接器轮廓的中部上方,按住鼠标左键不放,光标会变成一个十字形状并跳到元件的参考点。

(3) 不要松开鼠标左键,移动鼠标拖动元件。

(4) 拖动连接时,按下空格键将其旋转 90°,然后将其定位在板子的左边(确认整个元件仍然在板子边界以内)。

(5) 元件定位好后,松开鼠标将其放下。注意飞线是怎样与元件连接的。

(6) 当拖动元件时,如有必要,使用空格键来放置元件。

元件文字可以用同样的方式来重新定位——按下鼠标左键不放拖动文字,按空格键旋转。在重新定位文字之前,要在教程以下部分使用 Protel DXP 强大的批量编辑功能来隐藏元件型号(值),因为这些在最终的板子是不需要的。

(1) 按住 Shift 键。单击选择每一个电阻。在每一个元件周围都将有一个选择颜色的选择块。要改变选择颜色,选择 Design→Board Layers 菜单命令。

(2) 单击元件放置工具中的 Align Tops of Selected Components 按钮。那么 4 个电阻就会沿着它们的上边对齐。

(3) 现在单击元件放置工具中的 Make Horizontal Spacing of Selected Components Equal 按钮。

(4) 在设计窗口的其他任何地方单击取消选择所有的电阻,这 4 个电阻就对齐了且等间距。

现在已经将封装都定位好了,但电容的封装却比要求的大。下面将电容的封装改成一小的。

(1) 首先要找到一个新的封装。单击 Libraries 面板,从库列表中选择 Miscellaneous Deivices. IntLib。单击 Footprints 显示当前库中的可用封装。我们要的是一个小一些的 radial 类型的封装,因此在过滤器栏输入 rad。单击封装名就会看见与这些名字相联系的封装。其中封装 RAD-0.1 就是需要的。

（2）每个对象都定位放置好了，现在是放导线的时候了！

（3）双击电容，将 Component 对话框的 Footprint 栏改为 RAD-0.1。

**10. 手工布线**

布线就是放置导线和过孔在板子上将元件连接起来。Protel DXP 提供了许多有用的手工布线工具，使得布线工作非常容易。

尽管自动布线器提供了一个易用而强大的布线方式，然而仍然需要去控制导线的放置状况。在这些状况下，可以对板子的部分或全部进行手工布线。在本教程的这部分，要将整个板作为单面板进行手工布线，所有导线都在底层。

现在要使用预拉线来引导将导线放置在板的底层。

在 Protel DXP 中，PCB 的导线是由一系列直线段组成的。每次方向改变时，新的导线段也会开始。在默认情况下，Protel DXP 初始时会使导线走向为垂直、水平或 45°角，以使很容易地得到结果。这项操作可以根据需要自定义，但在本教程中仍然使用默认值。

- 从菜单栏中选择 Place→Interactive Routing 命令，（或按热键 P、T）或单击放置（Placement）工具栏的 Interactive Routing 按钮。光标变成十字形状，表示此时处于导线放置模式。

- 检查文档工作区底部的层标签。TopLayer 标签当前应该是被激活的。按数字键盘上的 * 键切换到底层而不需要退出导线放置模式。这个键仅在可用的信号层之间切换。现在 BottomLayer 标签应该被激活了。

- 将光标放在连接器 Y1 的最下面一个焊盘上。单击或按 Enter 键固定导线的第一个点。

- 移动光标到电阻 R1 的下面一个焊盘。注意导线是怎样放置的。在默认情况下，导线走向为垂直、水平或 45°角。再注意导线有两段。第一段（来自起点）是蓝色实体，是当前正放置的导线段。第二段（连接在光标上）称为"look-ahead"段，为空心线，这一段允许预先查看要放的下一段导线的位置，以便很容易地绕开障碍物，而一直保持初始的 45°/90°导线。

- 将光标放在电阻 R1 下面的一个焊盘的中间，然后单击或按 Enter 键。注意第一段导线变为蓝色，表示它已经放在底层了。往边上移动光标一点，你会看见仍然有两段导线连接在光标上：一条在下次单击时要放置的实心蓝色线段和一条帮助你定位导线的空心"look-ahead"线段。

- 将光标重新定位在 R1 的下面一个焊盘上，会有一条实心蓝色线段从前一条线段延伸到这个焊盘。单击放下这条实心蓝色线段。此时已经完成了第一个连接。

- 移动光标将它定位在电阻 R4 的下面一个焊盘上。注意一条实心蓝色线段延伸到 R4。单击放下这条线段。

- 现在移动光标到电阻 R3 的下面一个焊盘上。注意这条线段不是实心蓝色，而是空心的，表示它是一条"look-ahead"线段。这是因为你每次放置导线段时，起点模式就在以水平/垂直和 45°之间切换。当前处于 45°模式。按空格键将线段起点模式切换到水平/垂直。现在这条线段是不实心蓝色的了。单击或按 Enter 键放下线段。

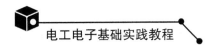
- 移动光标到电阻 R2 的下面一个焊盘。需要再一次按空格键来切换线段起点模式。单击或按 Enter 键放下线段。
- 现在完成了第一个网络的布线。右击或按 Esc 键表示你已完成了这条导线的放置。光标仍然是一个十字形状,表示仍然处于导线放置模式,准备放置下一条导线。按 End 键重画屏幕,这样便能清楚地看见已经布线的网络。
- 现在可按上述步骤类似的方法来完成板子上剩余的布线。图 2-33 显示了手工布线的板子。

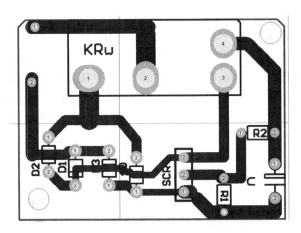

图 2-33  调光台灯 PCB 板

### 11. 自动布线

使用 Protel DXP 进行自动布线,需要以下步骤。

(1) 首先从菜单栏中选择 Tools→Un-Route→All 命令(或按热键 U、A),取消板的布线。

(2) 从菜单栏中选择 Autoroute→All(或按热键 A、A)。

(3) 自动布线完成后,按 End 键重绘画面。多么简单呀! Protel DXP 的自动布线器提供与一个有经验的板设计师的同等结果,这是因为 Protel DXP 在 PCB 窗口中对板进行直接布线,而不需要导出和导入布线文件。

(4) 选择 File→Save 菜单命令(或按热键 F、S)保存设计好的板。

**注意**:自动布线器所放置的导线有两种颜色:红色表示导线在板的顶层信号层;蓝色表示底层信号层。自动布线器所使用的层是由 PCB 板向导设置的 Routing Layers 设计规则中所指明的。你也会注意到连接到连接器的两条电源网络导线要粗一些,这是由所设置的两条新的 Width 设计规则所指明的。

## 2.3  调光台灯的制作

### 1. 教学目的

(1) 熟悉强电,消除学生对强电的惧怕心理。

(2) 掌握对晶闸管的测试及使用。

（3）了解如何使用电子元器件对工频电压进行调节。

**2. 调光台灯方框图**

图 2-34 是调光台灯的方框图。

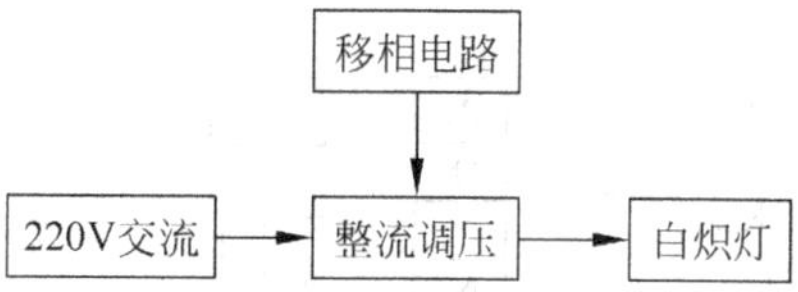

图 2-34 调光台灯方框图

**3. 调光台灯电路原理图**

调光台灯的电路原理图见图 2-20。

**4. 调光台灯基本工作原理及各元器件的作用**

该调光台灯电路可以对 60W 以下的白炽灯进行无级调光，也可以对电风扇进行无级调速。在图 2-20 中，当电源接通后，交流电源经过白炽灯泡 L 以后由二极管 $VD_1 \sim VD_4$ 整流，在单向晶闸管 SCR 的 A、K 两端形成一个正向脉动直流电压，电阻 $R_1$ 两端的电压加载在晶闸管 SCR 的 G、K 两端作为触发电路的直流电压。当交流电在正半周时，整流后的电压通过 $R_w$ 对 C 进行充电，电容 C 又通过 $R_1$ 和 $R_2$ 放电，因此会在电阻 $R_1$ 上形成一个脉冲电压，此脉冲电压达到一定值时，会使晶闸管 SCR 被触发导通；当交流电在负半周时，经整流后晶闸管的 A、K 两端还是形成一个正向脉动直流电压，电容 C 也重新开始充电，同理晶闸管在电源负半周再次被触发导通。调节电位器 $R_w$ 可以改变电容 C 的充电速度，即可以改变晶闸管 SCR 导通时间的长短，从而控制了白炽灯两端的电压大小，因此可以连续地无级调节台灯的亮度。

**5. 元器件明细表**

调光台灯元件明细如表 2-1 所示。

表 2-1 调光台灯元件明细

| 序 号 | 类 型 | 符 号 |
| --- | --- | --- |
| 1 | 910Ω | $R_1$ |
| 2 | 3.3kΩ | $R_2$ |
| 3 | 470kΩ | $R_w$ |
| 4 | 3.3μF | $C$ |
| 5 | BT169 | SCR |
| 6 | 1N4007 | $VD_1 \sim VD_4$ |

**6. 调光台灯主要元器件的测试**

调光台灯所用元器件不多，二极管、电阻、电容、电位器的测试方法在前面已作了详细介绍，这里不再重复，重点对于单向晶闸管的测试方法作一说明。

单向晶闸管测试等效电路及管脚排列如图 2-35 所示。

从单向晶闸管测试等效电路图可知，门极 G 与阴极 K 之间是一个 PN 结，用万用表电阻挡测量，红、黑表笔轮流接任意两脚，当测得电阻较小时读数，此时红表笔所接的是 G 极，黑表笔所接的是 K 极，余下的引脚为 A 极。测得电阻 $R_{GK} = \underline{\quad}\Omega$，按正常值它应该是一个二极管的正向导通电阻约几十欧姆。$R_{KG}$ 应为无穷大。一般单向晶闸管管脚排列如图 2-35(b) 所示。

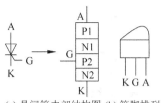

(a) 晶闸管内部结构图 (b) 管脚排列图

图 2-35　单向晶闸管测试等效
电路及管脚排列图

**7. 印制电路板**

调光台灯印制电路板见图 2-33。

**8. 装配调试**

把各元器件按印制电路板图图示位置插上,注意二极管 $VD_1$、$VD_2$、$VD_3$、$VD_4$ 的极性、电解电容 $C$、单向晶闸管 SCR 的管脚不要插错。焊接并剪去管脚。接入白炽灯,要注意安全,接线时双脚应离地,不要同时用双手去碰交流 220V 两电源线。调节 $R_w$,白炽灯亮度可调,则调光台灯实验成功。

**9. 实验思考题**

(1) 流过白炽灯的电流是直流还是交流?

(2) 电位器 $R_w$ 与开关 S 之间的虚实线表示什么意思?

# 2.4　流水灯的制作

**1. 教学目的**

(1) 熟悉数字集成电路的使用方法,增强学生对数字电子技术的兴趣。

(2) 掌握数字电子技术电路中驱动电路的接法。

**2. 流水灯方框图**

图 2-36 是流水灯原理框图。

图 2-36　流水灯原理框图

**3. 流水灯电路原理图**

图 2-37 是流水灯的电路原理图。

**4. 流水灯基本工作原理及各元器件的作用**

1) 可调脉冲源

可调脉冲源采用 $RC$ 环形振荡器,4069 是一块具有六个反相器的 CMOS 集成电路,该振荡器能从 6 号引脚输出一个方波,其振荡频率 $f = \dfrac{1}{R_w}$ Hz,只要调节 $R_w$ 其振荡频率就可以在一定范围内变化,所以改变 $R_w$ 的阻值就改变了发光二极管轮流显示的速度。

2) 脉冲分配器

脉冲分配器采用十进制计数/分频集成电路 4017,4017 有 10 个输出端,一个进位端。每个输出端在无信号时处于低电平,当时钟脉冲由低电平转换到高电平时输出端依次进入高电平,每个输出端在高电平维持 10 个时钟周期中的一个周期,输入 10 个时钟脉冲即从进位端 CO 输出一个由低电平转向高电平的脉冲。利用 4017 的这一特性就可以制作出 11 个发光二极管显示的流水灯。

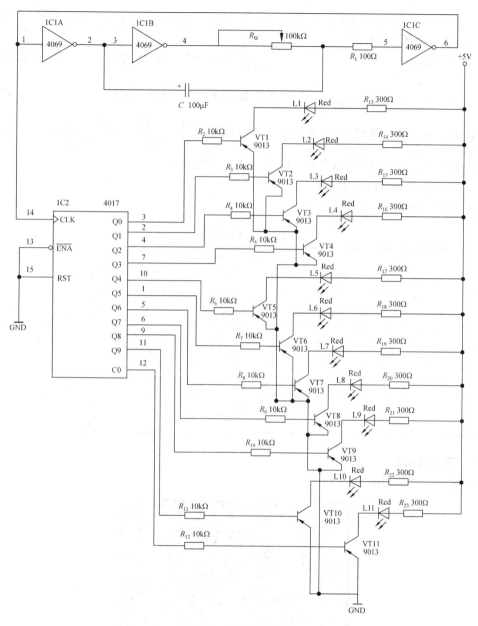

图 2-37　流水灯原理图

3）驱动显示电路

4017 的电源电压为 5V 时,其输出端 Q 的输出电流约为 1mA,而发光二极管发光时的电流一般应在 10mA 以上,显然不加驱动电路不足以驱动发光二极管发光。

图 2-38 所示为 4017 的 $Q_0$ 端输出的驱动、显示电路,$VT_1$ 为电流放大三极管,$L_1$ 为发光二极管,$R_{13}$ 为发光二极管的限流电阻,$R_2$ 为 $VT_1$ 的基极限流电阻。设发光二极管显示电流不大于 10mA,其压降 $U_{L_1}$ 为 2V,三极管饱和导通时 CE 极间电压为零,则流过发光

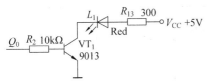

图 2-38  驱动显示电路

二极管的电流计算公式为：$I_{L1} = \dfrac{V_{CC} - U_{L1}}{R_{13}} = \dfrac{5V - 2V}{300\Omega} = 10mA$。设三极管的 $\beta$ 为 150，若要使 $VT_1$ 深度饱和，则 $I_{BS} = \dfrac{I_{CS}}{\beta} = \dfrac{10}{150} mA \approx 66\mu A$，一般 CMOS 电路输出高电平接近电源电压，即 $U_{Q0} \approx 5V$，则 $I_B = \dfrac{U_{Q0} - U_{BE}}{R_2} = \dfrac{5V - 0.7V}{10k\Omega} = 0.43mA \gg 66\mu A$。即三极管在 4017 输出高电平时肯定趋于深度饱和。

**5．元器件明细表及成本核算**

流水灯元件明细如表 2-2 所示。

表 2-2  流水灯元件明细

| 序　号 | 类　型 | 符　号 |
|---|---|---|
| 1 | 100Ω | $R_1$ |
| 2 | 10kΩ | $R_2 \sim R_{12}$ |
| 3 | 300Ω | $R_{13} \sim R_{23}$ |
| 4 | 100kΩ | $R_w$ |
| 5 | 100μF | $C$ |
| 6 | 9013 | $VT_1 \sim VT_{11}$ |
| 7 | Red | $L_1 \sim L_{11}$ |
| 8 | 4069 | IC1 |
| 9 | 4017 | IC2 |

**6．印制电路板**

流水灯印制板如图 2-39 所示。

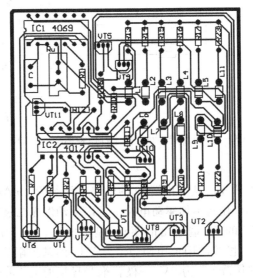

图 2-39  流水灯印制板

**7. 装配调试**

1）集成电路的安装

集成电路管脚排列如图 2-40 所示。

所有双列直插式集成电路的管脚排列均按图 2-40 所示,从集成电路正面看,缺口(或圆点)朝左,其管脚排列顺序为逆时针。先插好 4069 和 4017,千万不要插错方向。

2）三极管的安装

三极管的 3 个管脚 E、B、C 若插错,电路将无法工作。9013 管脚排列如图 2-41 所示。

图 2-40 集成电路管脚排列

图 2-41 9013 管脚排列

3）总装调试

在印制板上按图插装好其他各元器件,注意发光二极管的极性不要搞错,焊接各元器件,剪去各管脚引脚。接上电源,注意观察发光二极的发光顺序,其正确的顺序应从 $Q_0 \sim Q_9$,$C_0$ 的发光应该在 $Q_0 \sim Q_4$ 发光期间。

**8. 实验思考题**

若把流水灯的显示改成白炽灯彩灯(加 220V 交流电压),应该采用什么方案?

# 2.5　八路抢答器的制作

**1. 教学目的**

（1）熟悉编码器、译码器集成电路的使用方法。

（2）掌握七段 LED 显示器的测试方法。

**2. 八路抢答器方框图**

抢答器的设计方框图如图 2-42 所示。

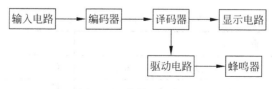

图 2-42 抢答器方框图

**3. 八路抢答器电路原理图**

八路抢答器的电路原理图如图 2-43 所示。

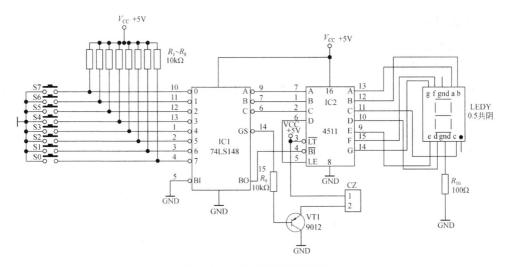

图 2-43  八路抢答器原理图

### 4. 八路抢答器工作原理及元器件作用

1）电路工作原理

八路抢答器可以作为各种智力竞赛时使用,按下输入按钮 $S_0 \sim S_7$ 中的任意一路,编码器 74LS148 输出 7 位二进制码,该二进制码输入到译码器 4511 的输入端,4511 输出端输出 7 位二进制码去驱动 7 位 LED 显示屏,显示屏显示 0～7 这 8 位十进制数,该 8 位十进制数与输入的 8 路 0～7 一一对应,同时通过驱动电路使蜂鸣器发声。

2）输入电路

输入电路由按钮 $S_0 \sim S_7$、上拉电阻 $R_1 \sim R_8$ 组成。由电路可见,当按下 $S_0$ 时 74LS148 的输入端 4 号脚输入"0",而其余输入管脚由于有上拉电阻的存在,均输入"1",此时其实际含义是 0 号桌抢答,从 74LS148 功能表可见,译码器 4511 的输入端 C、B、A 均输入"0",显示器显示"0",同时 GS 端输出"0",通过三极管 $VT_1$ 的驱动,蜂鸣器发声,0 号桌抢答成功。其余各输入按钮同理可推得其工作原理。

3）编码器

编码器的定义:把输入的每一个高、低电平信号编成一个对应的二进制码的电路。读者只要看懂编码器的功能表(如表 2-3 所示),会按功能表所示的功能使用即可。

表 2-3  编码器 148 功能表

| 输　入 | | | | | | | | | 输　出 | | | | |
|---|---|---|---|---|---|---|---|---|---|---|---|---|---|
| EI | 0 | 1 | 2 | 3 | 4 | 5 | 6 | 7 | C | B | A | GS | EO |
| H | X | X | X | X | X | X | X | X | H | H | H | H | H |
| L | H | H | H | H | H | H | H | H | H | H | H | H | L |
| L | X | X | X | X | X | X | X | L | L | L | L | L | H |
| L | X | X | X | X | X | X | L | H | L | L | H | L | H |
| L | X | X | X | X | X | L | H | H | L | H | L | L | H |

续表

| 输入 | | | | | | | | | 输出 | | | | |
|---|---|---|---|---|---|---|---|---|---|---|---|---|---|
| EI | 0 | 1 | 2 | 3 | 4 | 5 | 6 | 7 | C | B | A | GS | EO |
| L | X | X | X | X | L | H | H | H | L | H | H | L | H |
| L | X | X | X | L | H | H | H | H | H | L | L | L | H |
| L | X | X | L | H | H | H | H | H | H | L | H | L | H |
| L | X | L | H | H | H | H | H | H | H | H | L | L | H |
| L | L | H | H | H | H | H | H | H | H | H | H | L | H |

注：H=1，L=0，X=1 或 0。

4）译码器

译码器是将每个输入的二进制代码译成对应的输出高、低电平的电路，译码是编码的反操作。读者只要看懂译码器的功能表（如表 2-4 所示），会按功能表所示的功能使用即可。

5）显示电路

本电路的显示器采用共阴 LED 8 段字符显示器，其内部电路如图 2-44 所示。

表 2-4　4511 七段译码器功能表

| 输入 | | | | | | | 输出 | | | | | | | |
|---|---|---|---|---|---|---|---|---|---|---|---|---|---|---|
| LE | $\overline{BI}$ | $\overline{LT}$ | D | C | B | A | A | B | C | D | E | F | G | 显示 |
| X | X | 0 | X | X | X | X | 1 | 1 | 1 | 1 | 1 | 1 | 1 | 8 |
| X | 0 | 1 | X | X | X | X | 0 | 0 | 0 | 0 | 0 | 0 | 0 | 消隐 |
| 0 | 1 | 1 | 0 | 0 | 0 | 0 | 1 | 1 | 1 | 1 | 1 | 1 | 0 | 0 |
| 0 | 1 | 1 | 0 | 0 | 0 | 1 | 0 | 1 | 1 | 0 | 0 | 0 | 0 | 1 |
| 0 | 1 | 1 | 0 | 0 | 1 | 0 | 1 | 1 | 0 | 1 | 1 | 0 | 1 | 2 |
| 0 | 1 | 1 | 0 | 0 | 1 | 1 | 1 | 1 | 1 | 1 | 0 | 0 | 1 | 3 |
| 0 | 1 | 1 | 0 | 1 | 0 | 0 | 0 | 1 | 1 | 0 | 0 | 1 | 1 | 4 |
| 0 | 1 | 1 | 0 | 1 | 0 | 1 | 1 | 0 | 1 | 1 | 0 | 1 | 1 | 5 |
| 0 | 1 | 1 | 0 | 1 | 1 | 0 | 0 | 0 | 1 | 1 | 1 | 1 | 1 | 6 |
| 0 | 1 | 1 | 0 | 1 | 1 | 1 | 1 | 1 | 1 | 0 | 0 | 0 | 0 | 7 |
| 0 | 1 | 1 | 1 | 0 | 0 | 0 | 1 | 1 | 1 | 1 | 1 | 1 | 1 | 8 |
| 0 | 1 | 1 | 1 | 0 | 0 | 1 | 1 | 1 | 1 | 0 | 0 | 1 | 1 | 9 |
| 1 | 1 | 1 | X | X | X | X | A | B | C | D | E | F | G | 锁存 |

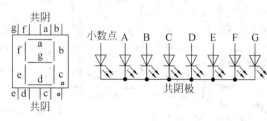

图 2-44　显示电路

从图 2-46 可见,用万用表很容易测试出该显示器的好坏。由于发光二极管是用磷化稼、砷化稼、磷砷化稼等特殊材料做成的,其正向导通电阻比普通二极管要大,所以在测试时应用万用表电阻挡测量,其正向电阻为几十千欧。发光时正向压降在 1.6~2V 之间。

6)蜂鸣器驱动电路

蜂鸣器驱动电路如图 2-45 所示,当输入电路按下 0~7 的任意一路按钮时,74LS148 的 14♯GS 脚输出低电平,该低电平通过 $R_9$ 电阻使 $VT_1$ 导通,5V 电源通过三极管的 C、E 极使蜂鸣器发声。

**5. 元器件明细表**

八路抢答器元件明细如表 2-5 所示。

**6. 印制电路板**

八路抢答器印制电路板如图 2-46 所示。

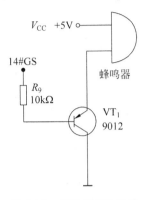

图 2-45 蜂鸣器驱动电路

表 2-5 八路抢答器元件明细

| 序 号 | 类 型 | 符 号 |
|---|---|---|
| 1 | 0.5 共阴 | LEDY |
| 2 | 10kΩ | $R_1 \sim R_8$ 排阻 |
| 3 | 10kΩ | $R_9$ |
| 4 | 100Ω | $R_{10}$ |
| 6 | 9012 | $VT_1$ |
| 7 | S | $S_1 \sim S_8$ |
| 8 | 蜂鸣器 | CZ |
| 9 | 74LS148 | IC1 |
| 10 | 4511 | IC2 |

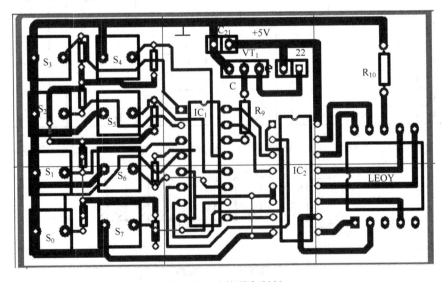

图 2-46 抢答器印制板

**7. 装配调试**

按印制电路板图插上各短接线,然后插上各元器件,注意集成电路的方向及 LED 的管脚位置(小数点朝左下)。焊接各元器件,若各元器件安装无误,则按下任一按钮显示器就会显示相对应的座位号。最后插上蜂鸣器调试,若正常则八路抢答器安装成功。

**8. 实验思考题**

(1)写出用万用表测试 LED 显示屏好坏的测试方法。

(2)若同时按下 $S_1$、$S_2$ 会产生什么现象?你准备如何改进?

## 2.6　本章小结

本章从让同学们熟悉电子电路识图与分析方法入手,教同学们如何使用 Protel DXP 电子设计软件去画电路原理图以及 PCB 板的设计,最后 3 节主要通过调光台灯、流水灯、八路抢答器的实物制作来达到教学目的。调光台灯属模拟电子技术范畴;流水灯、八路抢答器属数字电子技术范畴。在实物制作过程中,同学们才会有所长进,并达到较好的教学效果。

# 第3章 模电课程设计

**本章学习目标**

- 综合运用所学模电课程内容进行模拟电子电路创新设计的实例。
- 根据给定的技术指标对电路进行设计。
- 熟练掌握电子电路设计的基本方法。

本章是在学习模拟电子技术基础知识的基础上,综合运用所学电路知识进行模拟电子电路创新设计的实例。本章节选用的是模电课程设计中经典范例——设计一台高保真的音频功率放大器。首先给出课程设计的主要技术指标,然后对功放电路的工作原理及模块进行分析,并对其设计方案和设计过程进行了详细阐述。

## 3.1 课程设计任务与要求

课程设计任务:用给定元器件设计一个能对外接收高阻话筒信号、能进行音调控制调节、能外接 $8\Omega$ 扬声器输出功率达 8W 的高保真音频功率放大器,并且电路应满足以下基本指标。

① 最大不失真输出功率:8W。

② 负载阻抗(扬声器):$R_L = 8\Omega$。

③ 频率响应:在无高低音提升和衰减时,$f = 50\text{Hz} \sim 20\text{kHz}(\pm 3\text{dB})$。

④ 音调控制范围:低音 $100\text{Hz} \pm 12\text{dB}$;高音 $10\text{kHz} \pm 12\text{dB}$。

⑤ 失真度(主要指非线性失真):$\gamma \leqslant 3\%$。

⑥ 输入灵敏度:在输入阻抗 $R_i > 50\text{k}\Omega$ 时,$U_i < 100\text{mV}$。

⑦ 噪声电压：输入端短路时,输出端噪声电压有效值 $U_N > 15\text{mV}$。

## 3.2 音频功放电路的工作原理

音频功率放大器实际上就是对比较小的音频信号进行放大使其功率增加,然后输出。其原理如 3-1 所示,前置放大主要是要与信号源进行阻抗匹配,并有一定的电压增益,一般要求输入阻抗高,输出阻抗低,为后级提供具有一定信噪比的信号电压;而音调控制电路主要是要实现高、低音的提升或衰减;功率放大电路则是要将信号进行功率放大,保证在扬声器上得到不失真的额定功率。它可以是由分立元件组成的 OCL 功放电路,也可以采用集成功放组件,使设计更为简单。

图 3-1 功放电路原理框图

## 3.3 音频功放电路各模块分析

### 3.3.1 前置放大级

**1. 基本原理**

音频功率放大器的作用是将声音源输入的信号进行放大,然后输出驱动扬声器,不同声音源的输出信号的电压差别很大,从零点几毫伏到几百毫伏。对于输入过低的信号,功率放大器输出功率不足,不能充分发挥功放的作用,而输入信号的幅值过大,功率放大器的输出信号将严重过载失真,这样就失去了音频放大的意义。所以一个实用的音频功率放大器必须设置前置放大级,以便使放大器适应不同的输入信号,或放大,或衰减,或进行阻抗变换,使其与功率放大器的输入灵敏度相匹配。

**2. 主要功能**

前置放大级的主要功能,一是使话筒的输出阻抗与前置放大级的输入阻抗相匹配;二是使前置放大器的输出电压幅度与功率放大器的输入灵敏度相匹配。根据总机指标要求,前置级输入电阻应该比较高,输出电阻应当低,以便不影响音调控制网络正常工作。同时要求 NF 尽可能小。为此本级可选用的电路如图 3-2 所示。

为了节约 FET 管,第二级也可用 BJT 管作射极输出器,也能满足指标要求。为了进一步降低成本,也可用两只 BJT 管(图 3-3),只要参数选取合理也可满足要求。

**3. 电路分析**

1) 静态分析

前置级直流通路如图 3-4 所示。

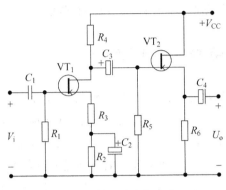

图 3-2　前置放大级电路

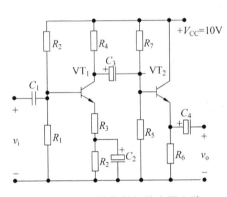

图 3-3　BJT 管作射极输出器电路

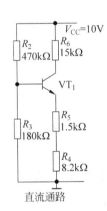

图 3-4　两个 BJT 三极管组成的
前置级直流通路

$$U_{B1} = \frac{R_3}{R_2 + R_3} V_{CC} = \frac{180\text{k}\Omega}{470\text{k}\Omega + 180\text{k}\Omega} \times 10\text{V} \approx 2.76\text{V}$$

$$U_{E1} = U_{B1} - 0.7\text{V} \approx 2\text{V}$$

$$I_{CQ} \approx I_{EQ} = \frac{U_{E1}}{R_4 + R_5} = \frac{2\text{V}}{8.2\text{k}\Omega + 1.5\text{k}\Omega} = 0.21\text{mA}$$

$$U_{CEQ} = V_{CC} - I_{CQ}(R_6 + R_5 + R_4) \approx 4.8\text{V}$$

2）动态分析（$R_i$ $R_o$ $A_{VM1}$）

前置级交流通路如图 3-5 所示。

$$r_{BE} = 200 + (1 + \beta)\frac{26\text{mV}}{I_{EQ}} \approx 12.6\text{k}\Omega$$

$R_i = R_2 // R_3 // [r_{BE} + (1 + \beta)R_5] = 470 // 180 // 162.6 = 72.3\text{k}\Omega > 50\text{k}\Omega$（满足设计要求）

$R_o \approx R_6 = 15\text{k}\Omega$

$$A_{VM1} = -\frac{\beta(R_6 // R_{i2})}{r_{be} + (1 + \beta)R_5} \approx -\frac{100 \times (15\text{k}\Omega)}{12.6\text{k}\Omega + 100 \times 1.5\text{k}\Omega} \approx -10$$

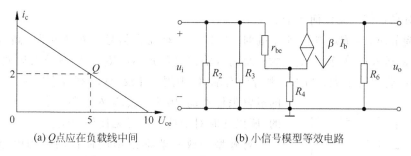

(a) Q点应在负载线中间　　　　　　(b) 小信号模型等效电路

图 3-5　两个 BJT 三极管组成的前置级交流通路

### 3.3.2　音调控制电路

**1. 基本原理**

音频控制电路的主要功能是通过放音频带内放大器的频率响应曲线的形状进行控制,从而达到控制放音音色的目的,以适应不同听众对音色的不同爱好。在高保真放音电路中,一般采用的是高、低音可调的音调控制电路。常用的音调控制电路有 3 种:第一种是衰减式 RC 音调控制电路,其音调控制范围较宽,但容易产生失真;第二种是反馈式音调控制电路,其控制范围小些,但失真小;第三种是混合式音调控制电路,其电路复杂,常用于高级收录机中。为使电路简单,信号失真小,本级采用反馈式音调控制电路。

**2. 电路分析**

图 3-6 所示为负反馈式高、低音调节的音调控制电路。该电路调试方便、信噪比高,目前大多数的普及型功放都采用这种电路。

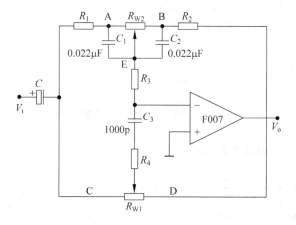

图 3-6　音调控制实际电路

图 3-6 中 $C_3$ 的容量大于 $C_1$、$C_2$,对于低音信号 $C_3$ 可视为开路,而对于高音信号 $C_1$、$C_2$ 可视为短路。低音调节时,当 $R_{W2}$ 滑臂到左端时,$C_1$ 被短路,$C_2$ 对低音信号容抗很大,可视为开路;低音信号经过 $R_1$、$R_{W2}$ 直接送入运放,输入量最大;而低音输出则经过 $R_6$、$R_2$、$R_{W2}$ 负反馈送入运放,负反馈量最小,因而低音提升最大;当 $R_{W2}$ 滑臂到右端时,则刚好与上述情形相反,因而低音衰减最大。不论 $R_{W2}$ 的滑臂怎样滑动,因为 $C_3$ 对高音信号可视为短路的,

所以此时对高音信号无任何影响。

高音调节时，当 $R_{W1}$ 滑臂到左端时，因 $C_1$、$C_2$ 对高音信号可视为短路，高音信号经过 $R_{W1}$、$R_4$ 直接送入运放，输入量最大；而高音输出则经过 $R_1$、$R_2$ 负反馈送入运放，负反馈量最小，因而高音提升最大；当 $R_{W1}$ 滑臂到右端时，则刚好相反，此时高音衰减最大。不论 $R_{W1}$ 的滑臂怎样滑动，因为 $C_1$、$C_2$ 对中低音信号可视为是开路的，所以此时对中低音信号无任何影响。

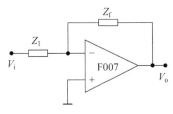

图 3-7　音调控制电路原理电路

普及型功放一般都使用这种音调处理电路（图 3-7）。使用时必须注意的是，为避免前级电路对音调调节的影响，接入的前级电路的输出阻抗必须尽可能地小，应与本级电路输入阻抗互相匹配，或本级输入电阻尽可能大。

$$A_{Vf} = \frac{V_o}{V_i} = -\frac{Z_f}{Z_1}$$

### 3. 工作原理

1）在低音时（即信号在低频区时）

在低音时的电路变换见图 3-8。

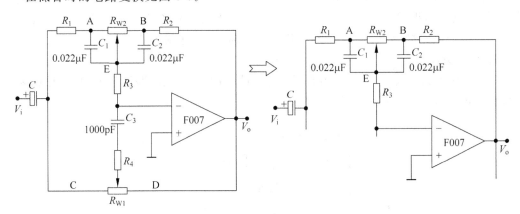

图 3-8　信号工作在低频区电路变换

当 $R_{W2}$ 置 A 点时，其电路变换见图 3-9。

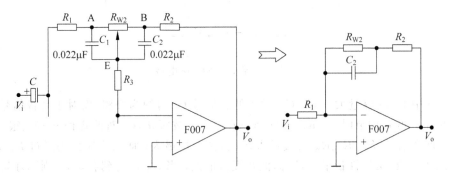

图 3-9　$R_{W2}$ 置 A 点电路变换

当 $R_{W2}$ 置 B 点时,其电路变换见图 3-10。

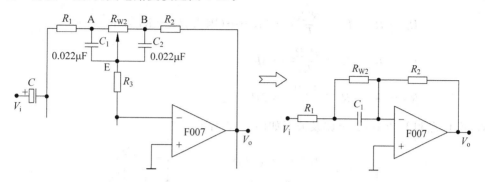

图 3-10 $R_{W2}$ 置 B 点电路变换

2) 在高音时(即信号在高频区时)

在高音时,其电路变换见图 3-11。

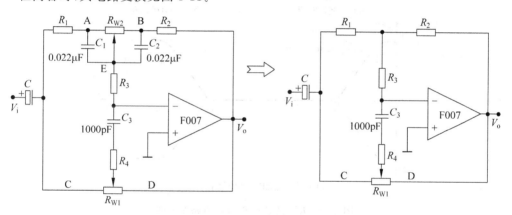

图 3-11 信号工作在高频区电路变换

为了分析方便,可把 $R_1$、$R_2$、$R_3$ 的 Y 形接法变换成 $R_a$、$R_b$、$R_c$ 的 △ 形接法,如图 3-12 所示。

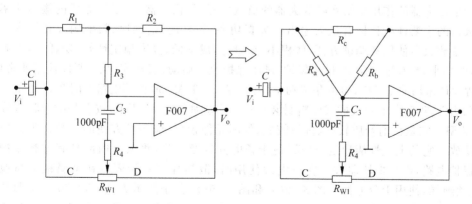

图 3-12 三角形接法电路

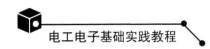

其中

$$R_a = R_1 + R_3 + \frac{R_1 R_3}{R_2} = 3R \cdots\cdots (因为 R_1 = R_2 = R_3 = R)$$

$$R_b = R_2 + R_3 + \frac{R_2 R_3}{R_1} = 3R$$

$$R_c = R_1 + R_2 + \frac{R_1 R_2}{R_3} = 3R$$

当 $R_{W1}$ 置 C 点和 D 点时,其电路及波形如图 3-13 所示。

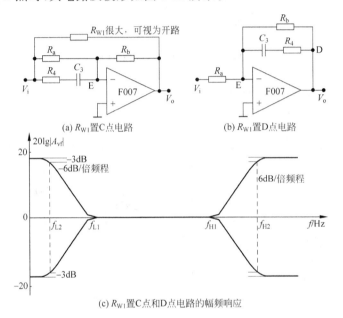

(a) $R_{W1}$ 置 C 点电路　　　　　(b) $R_{W1}$ 置 D 点电路

(c) $R_{W1}$ 置 C 点和 D 点电路的幅频响应

图 3-13　$R_{W1}$ 置 C 点和 D 点电路及曲线

### 3.3.3　音频功率放大器

功率放大器的作用是给音响放大器的负载(一般是扬声器)提供所需的输出功率。功率放大器的主要性能指标有最大输出不失真功率、失真度、信噪比、频率响应和效率。由于集成功率放大器使用和调试方便,体积小,重量轻,成本低,温度稳定性好,功耗低,电源利用率高,失真小,具有过流保护、过热保护、过压保护及自启动、消噪等功能,所以使用非常广泛。本课程设计采用的是 TDA2030 集成功率放大电路。TDA2030 内部电路如图 3-14 所示。

采用 V 型 5 脚单列直插式塑料封装结构。引脚如图 3-15 所示,按引脚的形状可分为 H 型和 V 型。它是目前音质较好、价格较低、外围元件较少、应用较方便的一款性价比较高的集成功放。它的电气性能稳定、可靠,适于长时间连续工作,集成块内部具有过载保护和热切断保护电路,不会损坏器件。在单电源使用时,散热片可直接固定在金属板上与地线相通,无须绝缘,使用十分方便。图 3-16(a)和图 3-16(b)分别所示为 TDA2030 单电源和双电源连接的常用电路。在图 3-16(a)中,对电源要求低,但多了输入输出隔离电容。只要参数合理,对性能影响不大。在图 3-16(b)电路中,TDA2030A 工作电压为 $\pm15\text{V}$,负载电阻为

$8\Omega$ 时,输出功率为 8W 功放级电路中,电容 $C_{15}$,$C_{16}$ 用作电源滤波。$VD_1$ 和 $VD_2$ 为保护二极管。$R_{21}$、$C_{20}$ 为输出端校正网络以补偿感性负载,避免自激和过电压。

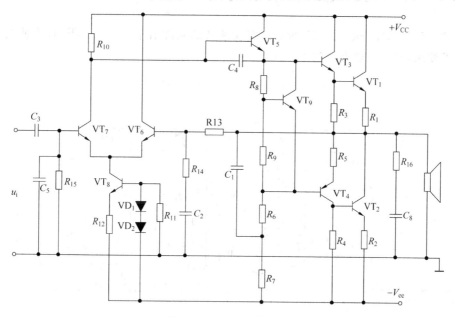

图 3-14 OCL 功放电路

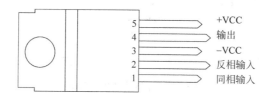

图 3-15 TDA2030 引脚排列

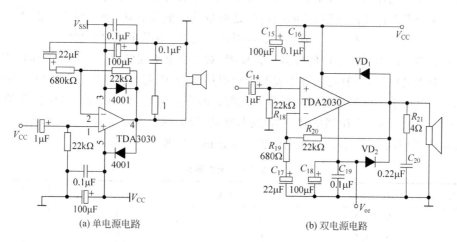

(a) 单电源电路      (b) 双电源电路

图 3-16 TDA2030 集成音频功率放大器电路

## 3.4 音频功放电路安装前的器件检测

音频功放电路原理如图 3-17 所示。实验涉及的元件清单如表 3-1 所列,为使之达到预定的技术要求,安装时要求做到以下几点。

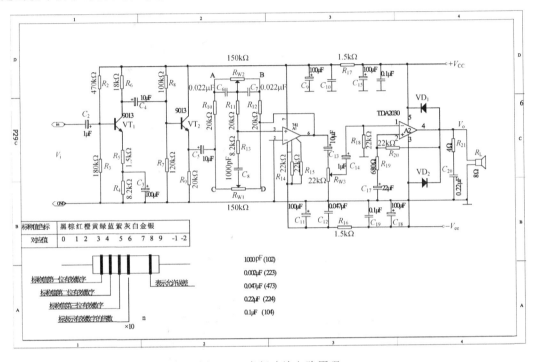

图 3-17 音频功放电路原理

（1）对于有色环的电阻,主要是用万用表检测其阻值是否与其上的色环读数相匹配及其好坏;对于没有色环的电阻,检测的目的是测量其阻值及好坏,便于使用。需要色环读数与万用表一致或者相差不大的才能使用;否则就不能用。在装电阻时要细致、认真,不能出错。

（2）电容检测需要用专用的检测设备检测,对于要求不高的电路一般不测试电容。

（3）对于电位器,一般先把万用表调到欧姆挡,将万用表两表笔连接在电位器两端脚。

（4）测其两端脚的阻值是否与标称值匹配;再将万用表的一只表笔接电位器的中间端脚,另一只表笔分别接电位器的其他两端脚,转动转轴,观察电阻值的变化,如果随着转轴的缓慢转动电阻值均匀变化,就证明电位器是正常的;否则为不正常。

表 3-1 元件清单

| 序 号 | 名 称 | 型号规格 | 符 号 | 数 量 |
|---|---|---|---|---|
| 1 | 集成电路 | TDA2030 | U2 | 1 |
| 2 | 集成电路 | UA741 | U1 | 1 |

续表

| 序 号 | 名 称 | 型号规格 | 符 号 | 数 量 |
|---|---|---|---|---|
| 3 | 电位器 | 150kΩ | $R_{W1}$、$R_{W2}$ | 2 |
| 4 | 电位器 | 22kΩ | $R_{W3}$ | 1 |
| 5 | 电阻器 | 470kΩ | $R_2$ | 1 |
| 6 | 电阻器 | 180kΩ | $R_3$ | 1 |
| 7 | 电阻器 | 8.2kΩ | $R_4$、$R_{13}$ | 2 |
| 8 | 电阻器 | 1.5kΩ | $R_5$、$R_{16}$、$R_{17}$ | 3 |
| 9 | 电阻器 | 18kΩ | $R_6$ | 1 |
| 10 | 电阻器 | 120kΩ | $R_7$ | 1 |
| 11 | 电阻器 | 100kΩ | $R_8$ | 1 |
| 12 | 电阻器 | 20kΩ | $R_9$、$R_{10}$、$R_{11}$、$R_{12}$ | 4 |
| 13 | 电阻器 | 22kΩ | $R_{14}$、$R_{15}$、$R_{18}$、$R_{20}$ | 4 |
| 14 | 电阻器 | 680Ω | $R_{19}$ | 1 |
| 15 | 电阻器 | 4Ω | $R_{21}$ | 1 |
| 16 | 瓷片电容 | 0.022μF | $C_6$、$C_7$ | 2 |
| 17 | 瓷片电容 | 1000pF | $C_8$ | 1 |
| 18 | 瓷片电容 | 0.047μF | $C_{10}$、$C_{12}$ | 2 |
| 19 | 瓷片电容 | 0.1μF | $C_{16}$、$C_{19}$ | 2 |
| 20 | 瓷片电容 | 0.22μF | $C_{20}$ | 1 |
| 21 | 电解电容 | 1μF | $C_2$、$C_{14}$ | 2 |
| 22 | 电解电容 | 100μF | $C_3$、$C_9$、$C_{11}$、$C_{15}$、$C_{18}$ | 5 |
| 23 | 电解电容 | 10μF | $C_4$、$C_5$、$C_{13}$ | 3 |
| 24 | 电解电容 | 22μF | $C_{17}$ | 1 |
| 25 | 二极管 | 1N4001 | $VD_1$、$VD_2$ | 2 |
| 26 | 三极管 | 9013 | $VT_1$、$VT_2$ | 2 |
| 27 | 负载喇叭 | | | |
| 28 | 交流电源 | | | |

# 3.5 安装调试

## 3.5.1 安装

安装电子元件之前需要对电子元件的引脚进行加工,即需要把电子元件的引脚弯曲,使之适合电路板上的孔距。具体做法是:用大拇指顶住引脚与电子元件连接端,用力使引脚弯曲,使弯曲处呈弧形(避免引脚折断),将加工好的电子元件安装在电路板上的指定位置,以便焊接。安装时应注意,大功率的电子元件应与电路板相隔一定距离(电解质电容等)以便于散热。也就是说,有的电子元件需要悬空,悬空高度一般为1cm,不超过2cm。小电阻可直接贴于电路板安装。有的电子元件需要与散热器相连接,如 TDA 2030 等。

(1) 先装电阻,如图 3-18 所示。

(2) 装 IC 座。

① 方向。

② 8 个脚必须都通过电路板。

③ 焊接不要短路。

(3) 装电容。

(4) 装集成功放 A2。

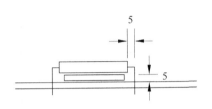

图 3-18　安装电阻

(5) 装 $R_{W1}$、$R_{W2}$、$R_{W3}$。

(6) 装 $R_L$(水泥电阻)。

(7) 装 3 根导线。红接 $+V_{CC}$、绿接 $-V_{CC}$、黑接地。

## 3.5.2　调试

通电调试之前一定要对所焊电路板进行直观检查,仔细看看是否有元件漏焊、错焊、虚焊和碰线以及电解电容极性是否正确,正、负电源和"地"线是否接正确,仔细检查后才能通电测量和调试。

测量和调试工作分两步进行,即先作静态测量和调试后作动态测量和调试。

**1. 静态工作点的测量和调试**

使输入信号 $V_i$ 为零,把音量电容器 $R_{W3}$ 向右调到底,通电测量调试。

(1) 测量正、负电源是否对称;若电源加不上去,则电路必有故障,可按下述思路检查排除。

① 正、负电源及"地"线是否接错?

② $VD_1$、$VD_2$ 两个二极管的极性是否接错?

③ 检查电路是否有地方短路?

(2) A2 的 4 号脚静态时为 0V。若偏离太多,应该检查 $R_{18}$、$R_{20}$ 是否虚焊或脱焊?

(3) 测量 A1 运放的 6 号脚静态时应为 0V,若偏离太多。应检查 7 号和 4 号脚的正负电源是否加上? 若缺正负电压,检查 $R_{16}$、$R_{17}$ 是否虚焊或脱焊;检查电位器 $R_{W1}$、$R_{W2}$ 各焊头是否脱焊而造成运放开环。

(4) 测量 $VT_2$ 管基极、射级和集电极的对地电位,一般射极对地电位为 4～5V,若偏离太多,则调 $VT_8$。

(5) 测试 $VT_1$ 管基极、射极和集电极的对地电位,一般射极对地电位为 2.5～3V,若偏离太多,调 $R_4$ 或更换 $VT_1$。

(6) 测静态总电流 $I_0$ 应小于 60mA。

记录表 3-2 所要求各值,若电路正常,应基本符合所列的参考值。

表 3-2　元件静态工作点参考值及测量值

| | VT$_1$ | | | | | VT$_2$ | | | | |
|---|---|---|---|---|---|---|---|---|---|---|
| | $V_{g1}$ | $V_{s1}$ | $V_{d1}$ | $V_{DS1}$ | $I_{d1}$ | $V_{b2}$ | $V_{e2}$ | $V_{c2}$ | $I_{c2}$ | $V_{ce2}$ |
| 参考值 | 0V | 2.8V | 4.8V | 2V | 0.3V | 5V | 4.4V | 9.3V | 0.2V | 5V |
| 实测值 | | | | | | | | | | |
| | A1 | | | A2 | | | | | | |
| | $U_4$ | $U_7$ | $U_6$ | $U_3$ | $U_5$ | $U_4$ | 静态电流 | | | |
| 参考值 | −10V | 9.3V | 0V | −12V | +12V | 0V | 小于60mA | | | |
| 实测值 | | | | | | | | | | |

**2．动态调试**

1）前置放大器调试

安装电路时注意电解电容的极性不要接反、电源电压的极性不要接反。同时不加入交流信号时，用万用表测量每级放大器的静态输出值，然后用示波器观察每级输出有无自激振荡现象，同时测量前置放大器的噪声输出大小。加入幅值 5mV、频率 1000Hz 的交流正弦波信号（注意 5mV 信号可以通过一个 10kΩ 和 100Ω 组成的衰减网络得到），测量前置放大器的输出大小，验证前置放大器的电压放大倍数。改变输入正弦波信号的频率，测试前置放大器的频带宽度。

2）音频控制器调试

（1）首先进行静态测试，方法同上。

（2）中频特性测试。将一频率等于 1kHz、幅值等于 1V 的正弦信号输入到音调控制器输入端，测量音调控制器的输出。

（3）低音提升和衰减特性测试。将电位器 $R_{P1}$ 滑动端分别置于最左端和最右端时，频率从 20Hz～1kHz 连续变化（输入信号幅值保持不变），记下对应输出电压值，画出其幅频响应特性曲线。

（4）高音提升和衰减特性测试。将电位器 $R_{P2}$ 滑动端分别置于最左端和最右端时，频率从 2～30kHz 连续变化（输入信号幅值保持不变），记下对应输出电压值，画出其幅频响应特性曲线。

（5）最后画出音频特性曲线，并验证是否满足设计要求并修改。

3）功率放大器测试

（1）通电观察。接通电源后，先不要急于测试，首先观察功放电路是否有冒烟、发烫等现象。若有，应迅速切断电源，重新检查电路，排除故障。

（2）静态测试。将功率放大器的输入信号接地，测量输出端对地的电位供应为 0V 左右，电源提供的静态电流一般为几十 mA 左右。若不符合要求，应仔细检查外围元件及接线是否有误，若无误可考虑更换集成功放器件。

（3）动态测试。在功率放大器的输出端接额定负载电阻 $R_L$（代替扬声器）条件下，功率放大器输入端加入频率等于 1kHz 的信号，调节输入信号的大小，观察输出信号的波形。若输出波形变粗或带有毛刺，则说明电路发生自激振荡，应尝试改变外接电路的分布参数，直至自激振荡消除。然后逐渐增大输入电压,观察测量输出电压的失真及幅值,计算输出最大不失真功率。改变输入信号的功率,测量功率放大器在额定输出功率下的频带宽度是否满足设计要求。

**3. 整机联调**

将每个单元电路相互级联,进行系统调试。

(1) 最大不失真功率测量。将频率等于 1kHz、幅值等于 5mV 的正弦波信号接入音频功率放大器的输入端,观察其输出端的波形有无自激振荡和失真,测量输出最大不失真电压幅度,计算最大不失真输出功率。

(2) 音频功率放大器频率响应测量。将音调调节电位器 $R_{w1}$、$R_{w2}$ 调在中间位置,输入信号保持 5mV 不变,改变输入信号的频率,测量音频功率放大器的上、下限频率。

(3) 音频功率放大器噪声电压测量。将音频功率放大器的输入电压接地,音量电位器调节到最大值,用示波器观测输出负载 $R_L$ 上的电压波形并测量其大小。

**4. 整机视听**

用 8Ω/8W 的扬声器代替负载电阻 $R_L$。将幅值小于 5mV 的音频信号接入到音频功率放大器,调节音量控制电位器 $R_{w3}$,应能改变音量的大小。调节高、低音控制电位器,应能明显听出高、低音调的变化,敲击电路板应无声音间断和自激现象。

# 3.6 实验报告要求

实验报告内容如下(以下内容缺一项不可)。

(1) 实验名称(错别字会丢分)。

(2) 实验目的。

(3) 实验原理(没有用到的不写,其他内容缩略不得分)。

(4) 电路图。讲解实验时用过的图,实验报告中都应出现。

(5) 实验仪器。

(6) 实验内容(缩略不得分)。

(7) 原始数据。数据签名丢失,实验成绩无效。

(8) 测量数据的计算。

(9) 误差分析。

(10) 分析实验结果。验证了课本上学过的哪些对应的理论知识、公式的正确性;得出实验结论;还包括实验书中的实验报告要求。

(11) 小结。总结实验中遇到的问题及解决方法等。

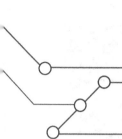

# 第4章 数电课程设计

**本章学习目标**

- 了解可编程逻辑器件的使用方法。
- 熟练掌握 Quartus Ⅱ 软件的操作。
- 初步掌握 VHDL 语言的框架和语法。
- 学会使用 VHDL 语言设计数字系统。

本章先向读者介绍 Quartus Ⅱ 软件的基本操作步骤,再介绍 VHDL 语言的语法,最后介绍利用 EDA 技术在可编程逻辑器件 CPLD/FPGA 上开发数字系统的实例和课题。

## 4.1 Quartus Ⅱ软件的基本操作

Quartus Ⅱ 是 Altera 公司最新推出的 Quartus Ⅱ 设计软件,它支持 APEX 系列、Cyclone 系列、Stratix 系列和 Excalibur 系列等新型系列器件的开发。含有工作组计算、集成逻辑分析仪、EDA 工具集成、多过程支持、增强重编译和 IP 集成等特性。加强了网络功能。支持高速 I/O 设计。

本节就以 Quartus Ⅱ 设计环境为主,介绍它的基本功能和基本应用。

现通过一个 3-8 译码器详细介绍 Altera 公司 Quartus Ⅱ 6.0 版本软件的基本应用。因篇幅有限,本节仅介绍 Quartus Ⅱ 软件的最基本、最常用的一些功能,相信读者在熟练使用 Quartus Ⅱ 以后,一定会发现该软件还有许多非常方便、快捷、灵活的设计技巧与开发功能。

### 4.1.1 新建工程文件

**1. 打开 Quartus Ⅱ 软件**

双击桌面上的 Quartus Ⅱ 6.0 图标,弹出图 4-1 所示的界面。

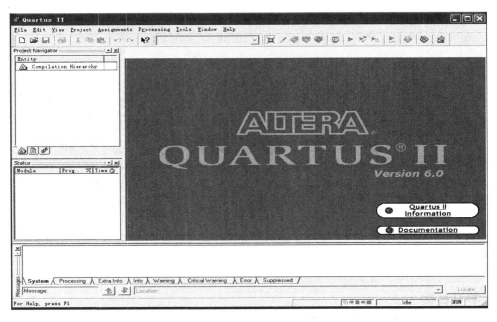

图 4-1 Quartus Ⅱ 的主界面

**2. 选择路径**

选择 File→New Project Wizard 菜单命令,指定工作目录、指定工程和顶层设计实体名称,如图 4-2 所示。

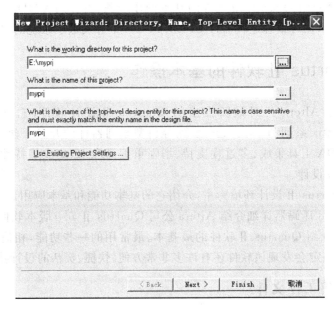

图 4-2 设置工程名和顶层设计名

**注意**：工作目录名不能有中文。

**3. 添加设计文件**

将设计文件加入工程中。单击 Next 按钮，如果有已经建立好的 VHDL 或者原理图等文件，可以在 File name 中选择路径，然后添加，或者单击 Add All 添加所有可以添加的设计文件（VHDL、Verilog 原理图等）。如果没有直接单击 Next 按钮，等建立好工程后再添加也可，这里暂不添加，如图 4-3 所示。

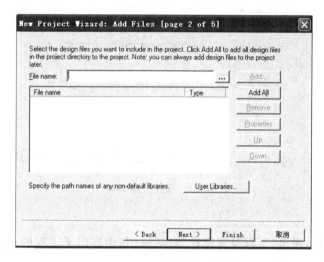

图 4-3 添加设计文件

**4. 选择 FPGA 器件**

Family 选项选择 Cyclone，Available devices 选项选择 EP1C12Q240C8 项，Package 选项选择 Any，Pin count 选择 240，Speed grade 选择 8；单击 Next 按钮，如图 4-4 所示。

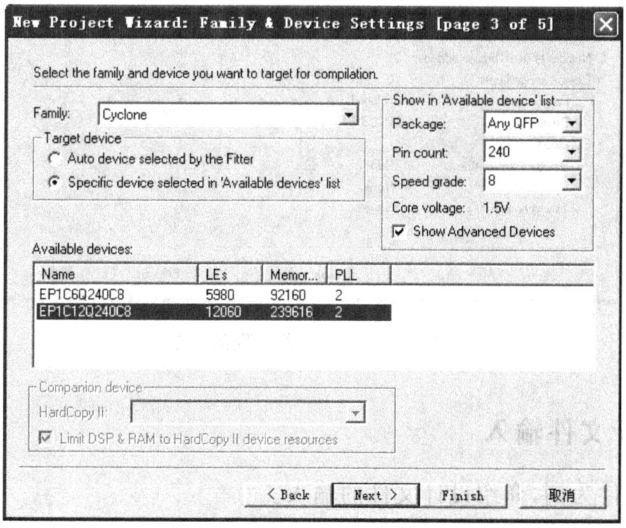

图 4-4 选择 FPGA 器件型号

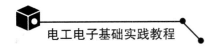

**5．选择外部综合器、仿真器和时序分析器**

Quartus Ⅱ支持外部工具，可通过选中来指定工具的路径。这里不做选择，默认使用
Quartus Ⅱ自带的工具，如图 4-5 所示。

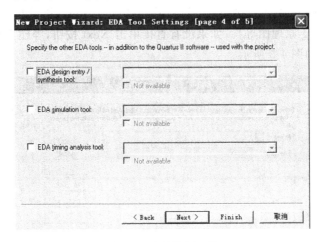

图 4-5　选择外部工具

**6．结束设置**

单击 Next 按钮，弹出"工程设置统计"对话框，其中列出了工程的相关设置情况。最后
单击 Finish 按钮，结束工程设置，如图 4-6 所示。

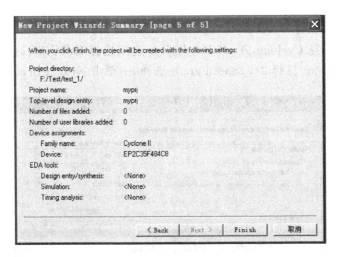

图 4-6　完成新建工程的设置

## 4.1.2　设计文件输入

下面以图形文件为例，介绍设计文件的输入。

## 1. 建立图形文件

如果在建立工程时没有添加设计文件,这时可以选择 File→New 新建文件再添加,如图 4-7 所示。也可通过选择 Project→Add→Remove Files In Project 菜单命令来添加外部文件。

图 4-7 建立图形文件

## 2. 添加文件到工程中

单击 OK 按钮,并选择 File→Save As 菜单命令,选择和工程相同的文件名。单击"保存"按钮,文件就被添加进工程中,如图 4-8 所示。

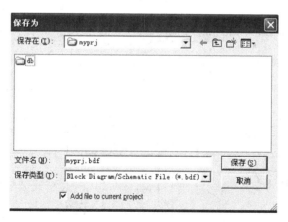

图 4-8 添加文件到工程中

## 3. 原理图建立完毕

这时,可以开始在原理图上进行设计了,如图 4-9 所示。

**提示**:用户可以在打开 Quartus Ⅱ后直接建立原理图或者 VHDL 文件,选择 Save As 命令后,系统会提示是否要保存为工程文件,选择建立工程文件,也可进入工程文件建立流程。

## 4. 添加器件

按照 3-8 译码器的电路图添加器件并连线。可以看到,在图 4-10 中,左下角处已添加 4 位功能选择位,设置状态为 0001,即 16 位拨码开关接到 16 位数据总线上。

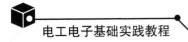
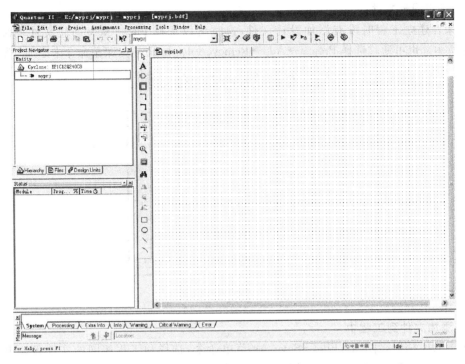

图 4-9　图形输入界面

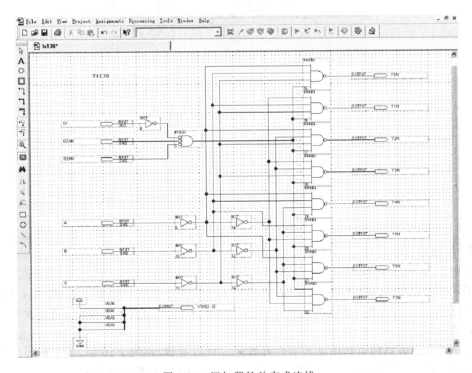

图 4-10　添加器件并完成连线

**5. 保存原理图**

单击"保存"按钮,保存原理图,原理图的扩展名为. bdf。

## 4.1.3 电路编译及下载

**1. 预编译**

选择 Processing→Start→Start Analysis&Synthesis 菜单命令,进行综合。编译后界面如图 4-11 所示。

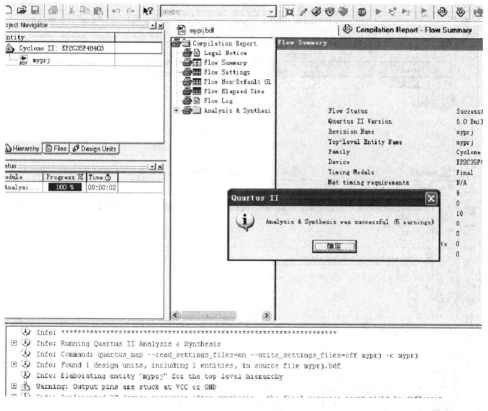

图 4-11 预编译

**2. 添加管脚信息**

当综合完成后,网表信息才会生成。选择 Assignments→Assignment Editor,在 Edit 下拉列表框中选择 Node Finder,在 Node Finder 中选择 List,显示所有节点信息,然后全部选中,如图 4-12 所示。

**3. 为每个节点分配引脚**

为每个节点分配引脚如图 4-13、图 4-14 所示。

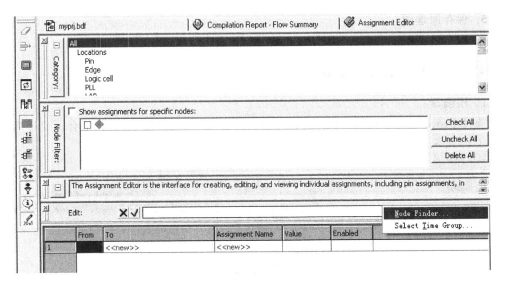

图 4-12　添加管脚信息

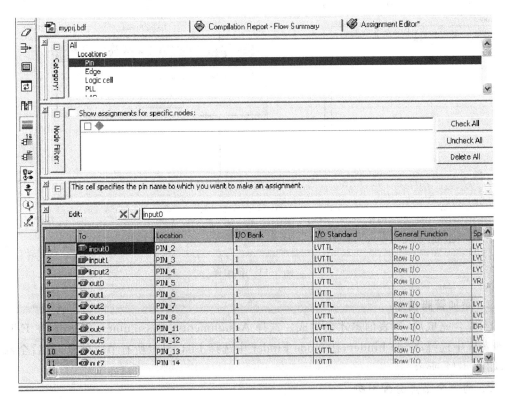

图 4-13　分配引脚一

| Node Name | Direction | Location | I/... | Vref Group | I/O Standard / |
|---|---|---|---|---|---|
| A | Input | PIN_N1 | 1 | B1_N0 | LVTTL (default) |
| B | Input | PIN_N2 | 1 | B1_N0 | LVTTL (default) |
| C | Input | PIN_P1 | 1 | B1_N0 | LVTTL (default) |
| G1 | Input | PIN_P2 | 1 | B1_N0 | LVTTL (default) |
| G2AN | Input | PIN_R1 | 1 | B1_N0 | LVTTL (default) |
| G2BN | Input | PIN_R2 | 1 | B1_N0 | LVTTL (default) |
| VGA[0] | Output | PIN_W11 | 8 | B8_N0 | LVTTL (default) |
| VGA[1] | Output | PIN_V11 | 8 | B8_N0 | LVTTL (default) |
| VGA[2] | Output | PIN_R15 | 7 | B7_N0 | LVTTL (default) |
| VGA[3] | Output | PIN_R14 | 7 | B7_N0 | LVTTL (default) |
| Y0N | Output | PIN_AB6 | 8 | B8_N0 | LVTTL (default) |
| Y1N | Output | PIN_AA6 | 8 | B8_N1 | LVTTL (default) |
| Y2N | Output | PIN_AB7 | 8 | B8_N1 | LVTTL (default) |
| Y3N | Output | PIN_AA7 | 8 | B8_N1 | LVTTL (default) |
| Y4N | Output | PIN_AA8 | 8 | B8_N0 | LVTTL (default) |
| Y5N | Output | PIN_AB8 | 8 | B8_N0 | LVTTL (default) |
| Y6N | Output | PIN_Y6 | 8 | B8_N1 | LVTTL (default) |
| Y7N | Output | PIN_W7 | 8 | B8_N1 | LVTTL (default) |
| <<new node>> | | | | | |

图 4-14　分配引脚二

**4. 全局编译**

全局编译如图 4-15 所示。

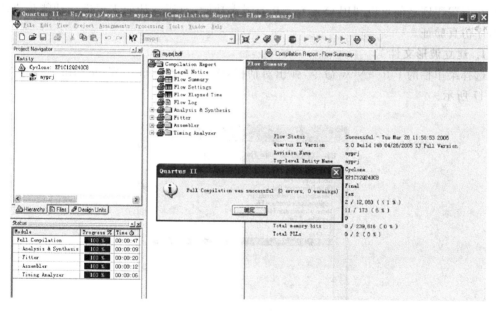

图 4-15　全局编译

**5. 下载**

下载可以选择 JTAG 方式和 AS 方式(JTAG 下载方式把文件直接下载到 FPGA 里面，AS 下载方式把文件下载到配置芯片里面，因此可以掉电存储)。选择 Tool→Programmer 菜单命令，选择 JTAG 下载方式，单击 Add File 按钮，添加 .sof 文件(AS 下载选择 .pof 文件)，并选中 Program→Configure，单击 Start 按钮后开始下载。第一次使用下载时，首先单

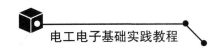

击 Hardware Setup，打开 Hardware Setup 对话框，然后单击 Add Hardware，选择 ByteBlaster Ⅱ后单击 Select Hardware，选择下载形式为 ByteBlaster Ⅱ，如图 4-16 所示。

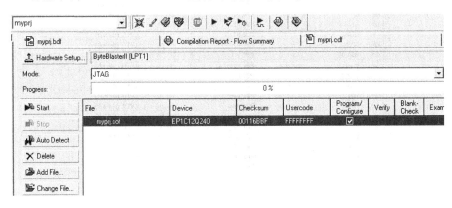

图 4-16　下载

### 4.1.4　电路仿真

在下载程序之前可以利用 Quartus Ⅱ的强大功能，对所设计的工程进行功能仿真验证或时序仿真验证。

**1. 建立波形文件**

选择菜单栏的 File→New 命令，弹出对话框，选择创建 Vector Waveform File 选项，如图 4-17 所示。

图 4-17　创建波形文件

**2. 在新的波形文件中选入需要验证的引脚**

在左边窗栏里右击，选择快捷菜单中的 Insert Node or Bus 命令，在打开的对话框中单击 List，选择所要观察的信号引脚，设置引脚的信号值，如图 4-18 所示，单击"保存"按钮。

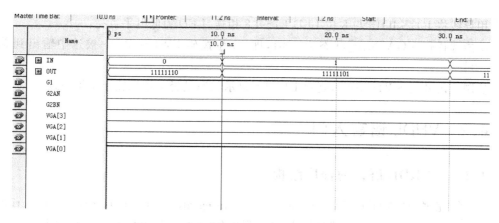

图 4-18　选入需要验证的引脚并设置输入信号

### 3. 设置仿真类型

在 Settings 对话框中,选中 Simulator Settings,设置 Functional 类型仿真,并将新创建的波形文件当作仿真输入,如图 4-19 所示。

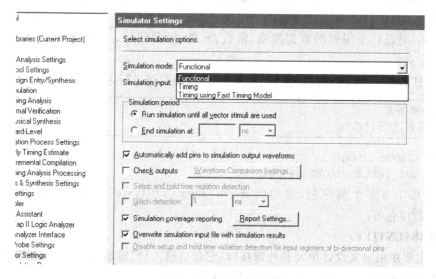

图 4-19　设置仿真类型

### 4. 完成仿真并观察结果

设置完毕之后,选择 Processing→Generate Functional Simulator NetList,生产网表文件之后,单击 Start Simulator,进行功能仿真,然后验证逻辑功能是否正确。

## 4.1.5　电路连线

本章涉及的硬件平台以达盛科技有限公司的 EDA-VI 实验箱为基础。

A、B、C、G1、G2AN、G2BN 分别对应 EDA-VI 实验箱底板 SW1~SW6。

Y0N~Y7N 分别对应 EDA-VI 实验箱底板 IO9~IO16。

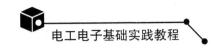

用导线将 IO9～IO16 与 8 位 LED L1～L8 相连,LED 为低电平点亮。

功能选择位 VGA[3..0]状态为 0001,即 16 位拨码 SW1～SW16 被选中输出到总线 D[15..0]。

控制拨码开关 SW1～SW6,观察 L1～L8 显示状态是否与预期输出结果一致。

# 4.2　VHDL 语言入门

## 4.2.1　VHDL 语言的程序结构

一个完整的 VHDL(Very high speed integrated circuit Hardware Description Language)程序结构由以下 5 部分组成:库、程序包、实体、结构体、配置。VHDL 语言结构如图 4-20 所示。

### 1. 库(**LIBRARY**)和程序包(**PACKAGE**)

库是经编译后的数据集合,它存放包集合定义、实体定义、结构体定义和配置定义。库的优点在于设计者可共享经编译过的设计结果。程序包是库结构中的一个层次,它是一个可编程的设计单元,对设计中用到的数据类型、常数、元件、函数信号、过程进行定义。

| 库,程序包调用 |
| --- |
| 实体声明 |
| 结构体定义 |
| 配置 |

图 4-20　VDHL 程序结构

在 VHDL 语言中,库和程序包调用必须在设计最前面进行声明。它的一般格式如下:

```
LIBRARY 库名
USE 库名,程序包名
```

例如:LIBRARY　IEEE;
　　　USE　IEEE.STD_LOGIC_1164.ALL

IEEE 库中有多个程序包,常用的有 std_logic_1164、std_logic_arith 和 std_logic_unsigned 程序包等。

### 2. 实体(**ENTITY**)

实体主要用来定义设计单元和外部接口,它包括输入口、输出口的名字,在设计之前,必须确定设计单元的端口个数、端口的方向及数据类型。

在 VDHL 语言中,实体要放在库和程序包后面定义。它的一般格式如下:

```
ENTITY　实体名　IS
 [类属参数说明]
PORT　(端口说明)
END　　实体名
```

其中"类属参数说明"是可选项,用于指定数据的大小、初值、信号的定时特性等。

类属参数说明语句格式如下:

```
GENERIC(常数名:数据类型:设定值)
```

例如　GENERIC(m:TIME:＝1ns)定义 m 为时间变量,其值为 1ns。

端口说明语句的一般格式如下:

```
PORT
    (端口名:端口方向,端口类型)
```

端口名指的是设计者给设计实体每个外部引脚所取的名称。

端口方向指的是外部引脚信号传输方向,有以下 4 种:

IN:输入

OUT:输出

INOUT:双向

BUFFER:缓冲输出

OUT 和 BUFFER 的不同之处在于,OUT 单纯为输出,在结构体内部不能读取,而 BUFFER 是指该输出变量可反馈至结构体内部读取。例如,在计数器部件中,计数器的输出变量是 COUNT,在时钟信号作用下做加法计数: COUNT <＝ COUNT ＋1;此时 COUNT 应定义为 BUFFER,而不是 OUT。

端口类型指的是数据类型,常用的数据类型有 std_logic、std_logic_vector 和 integer 等。

**3. 结构体(ARCHITECTURE)**

结构体的功能是对设计单元内部逻辑功能进行描述。一个实体可对应多个结构体,实体具体使用哪个结构体可通过配置语句指定。

结构体的语法格式如下:

```
ARCHITECTURE 结构体名 OF 实体名　IS
  [说明语句]
BEGIN
  功能描述语句
END [结构体名]
```

(1) 说明语句。说明语句用以定义结构体中用到的信号、数据类型、常数、子程序和元件等。这些定义只能在该结构体中使用。如果要在其他实体或结构体中引用这些定义,需要将其作为程序包来处理。

(2) 功能描述语句。功能描述语句用来具体描述结构体的功能和行为,是结构体的核心部分,功能描述语句可有 5 种不同类型的语句结构,它们均以并行方式运行。

① 块语句。从功能上划分模块,由一系列并行语句(BLOCK)组成。

② 进程语句(PROCESS)。进程语句是在敏感信号发生变化时触发的,进程内部语句为顺序语句,在一个结构体中可以有多个进程,不同进程是并行执行的。

③ 信号赋值语句。给实体中定义的信号赋值。

④ 子程序调用。调用过程(procedure)或函数(function),并将获得结果赋给信号。

⑤ 元件例化语句。将其他设计实体作为一个元件,在结构体中调用。

**【例 4.1】** 或门 VHDL 描述。

```
LIBRARY  IEEE ;
USE IEEE.STD_LOGIC_1164.ALL;
ENTITY OR2A IS
  PORT (A, B :IN STD_LOGIC;
            C : OUT STD_LOGIC );
END ENTITY OR2A;
ARCHITECTURE ONE OF OR2A IS
  BEGIN
  C <= A OR B ;
END ARCHITECTURE ONE;
```

**【例 4.2】** 1 位二进制半加器,如图 4-21 所示。

```
LIBRARY IEEE;
USE IEEE.STD_LOGIC_1164.ALL;
    ENTITY H_ADDER IS
        PORT (A,B : IN STD_LOGIC;
                CO, SO : OUT STD_LOGIC);
    END ENTITY H_ADDER;
ARCHITECTURE FH1 OF H_ADDER IS
    BEGIN
        SO <= (A OR B)AND(A NAND B);
        CO <= NOT( A NAND B);
END ARCHITECTURE FH1 ;
```

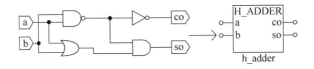

图 4-21　半加器逻辑图和符号图

**【例 4.3】** 单向总线缓冲器,如图 4-22 所示。

```
LIBRARY IEEE;
USE IEEE.STD_LOGIC_1164.ALL;
ENTITY BUFFER8  IS
    PORT(D:IN STD_LOGIC_VECTOR(7 DOWNTO 0);
    EN:IN STD_LOGIC;
    Q:OUT STD_LOGIC_VECTOR(7 DOWNTO 0));
END ;
ARCHITECTURE ONE OF BUFFER8 IS
  BEGIN
    PROCESS(EN,D)
        BEGIN
            IF EN = '1' THEN
                    Q <= D;
```

```
        ELSE
          Q <= "ZZZZZZZZ";
        END IF;
      END PROCESS;
    END ONE;
```

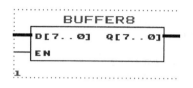

图 4-22　总线缓冲器符号图

### 4. 配置(CONFIGURATION)

通过配置的实体指定哪一个结构体被使用。配置并不是必需的。

## 4.2.2　VHDL 语言基本语句

VHDL 语句提供了一系列的顺序语句和并行语句,有些并行语句(如赋值语句、断言语句和过程调用语句等)又可作为顺序语句。

### 1. 顺序语句

顺序语句可用于进程、过程或函数中。顺序语句一旦被激活,其中的语句按顺序逐一执行。

顺序语句有赋值语句、IF 语句、CASE 语句、LOOP 语句和过程调用语句等。

1) 变量和信号赋值

立即赋值符“:=”:将右边表达式立即赋给左边表达式。用于常量、变量以及信号初值的赋值。

延迟赋值符“<=”:将右边表达式经一定时间间隔后赋给左边的对象,一般用于信号赋值。

2) IF 语句

IF 语句的一般格式如下:

```
IF      条件 1      THEN
        顺序语句 1
[ELSIF  条件 2      THEN
        顺序语句 2
ELSE    顺序语句 3      ]
END  IF;
```

3) CASE 语句

CASE 语句适用于多路分支判断,其一般格式如下:

```
CASE  表达式  IS
  WHEN    表达式值 1   => 顺序语句 1;
```

```
   [WHEN    表达式值2    => 顺序语句2;]
   [WHEN   OTHERS         => 顺序语句3;]
 END   CASE ;
```

【例4.4】 用CASE语句设计4选1数据选择器,如图4-23所示。

```
LIBRARY IEEE;
USE IEEE.STD_LOGIC_1164.ALL;
ENTITY MUX41A   IS
  PORT(D0,D1,D2,D3,A0,A1 : IN   STD_LOGIC ;
                    Y : OUT STD_LOGIC   ) ;
END ENTITY MUX41A ;
ARCHITECTURE ONE OF MUX41A IS
  SIGNAL AA:STD_LOGIC_VECTOR(1 DOWNTO 0);
  BEGIN
      PROCESS (A0,A1)
      BEGIN
      AA <= A1 & A0;
      CASE AA IS
          WHEN "00" => Y <= D0;
          WHEN "01" => Y <= D1;
          WHEN "10" => Y <= D2;
          WHEN OTHERS => Y <= D3;
      END CASE;
END PROCESS;
END  ONE ;
```

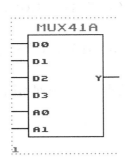

图4-23    4选1数据选择器符号图

4) LOOP语句

LOOP语句即为循环语句。其一般格式如下:

```
 [标号:]FOR 循环变量,IN 循环次数 LOOP
    顺序语句
  END LOOP [标号]
```

例如:

```
LOOP1:FOR   CNT   1 TO 5   LOOP
    A <=    A OR CNT
```

```
END  LOOP  LOOP1
```

在这个循环中,循环变量 CNT 范围是 1～5。执行 5 次后退出 LOOP1 循环。

**2. 并行语句**

并行语句的书写顺序并不代表其执行顺序。当某一语句被激活时该语句即被执行。并行语句有信号赋值语句、进程语句和生成语句。

1) 信号赋值语句

信号赋值语句有以下几种形式。

(1) 简单信号赋值语句

信号 <= 表达式

(2) 条件信号赋值语句

```
信号名 <= 表达式 1    WHEN    赋值条件 1    ELSE
          表达式 2    WHEN    赋值条件 2    ELSE
          …
          表达式 N
```

(3) 选择信号赋值语句

```
WITH    选择表达式    SELECT
    信号名 <=  表达式 1    WHEN    值 1,
              表达式 2    WHEN    值 2,
              …
              表达式 n    WHEN    值 N;
```

在选择信号赋值语句中所有的 WHEN 子句必须是互斥的,对于未考虑到的情况可用 WHEN OTHERS 来处理,此处要注意每一子句结尾用逗号,最后一句用分号。

**【例 4.5】** 用条件信号赋值语句设计 8-3 优先编码器。

```
LIBRARY IEEE;
USE IEEE.STD_LOGIC_1164.ALL;
ENTITY ENCODER83  IS
PORT(I:   IN STD_LOGIC_VECTOR(7 DOWNTO 0);
      A: OUT STD_LOGIC_VECTOR(2 DOWNTO 0));
END ;
ARCHITECTURE ONE OF  ENCODER83  IS
  BEGIN
        A<= "111" WHEN I(7) = '1' ELSE
            "110" WHEN I(6) = '1' ELSE
            "101" WHEN I(5) = '1' ELSE
            "100" WHEN I(4) = '1' ELSE
            "011" WHEN I(3) = '1' ELSE
            "010" WHEN I(2) = '1' ELSE
            "001" WHEN I(1) = '1' ELSE
            "000" WHEN I(0) = '1' ELSE
            "111";
      END ONE;
```

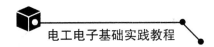

8-3 编码器波形仿真如图 4-24 所示。

| | | 100.0ns | 200.0ns | 300.0ns | 400.0ns | 500.0ns | 600.0ns | 700.0ns | 800.0ns | 900.0ns |
|---|---|---|---|---|---|---|---|---|---|---|
| ⬚ 1 | - | 11000001 | 01100011 | 00011101 | 00000111 | 00001001 | 00001011 | 00001101 | 00001111 | 00010001 | 00010011 |
| ⬚ 3 | H 6 | 7 | 6 | 4 | 2 | | | 3 | | 4 |

图 4-24　8-3 编码器波形仿真

【例 4.6】　用条件选择语句设计 2-4 译码器，如图 4-25 所示。

```
LIBRARY IEEE;
USE IEEE.STD_LOGIC_1164.ALL;
USE IEEE.STD_LOGIC_UNSIGNED.ALL;
ENTITY DECODER24   IS
    PORT(A,B:IN STD_LOGIC;
            Y:OUT STD_LOGIC_VECTOR(7 DOWNTO 0));
    END ;
ARCHITECTURE ONE OF DECODER24 IS
  SIGNAL INDATA: STD_LOGIC_VECTOR(1 DOWNTO 0);
  BEGIN
      INDATA<= B & A;
        WITH INDATA SELECT
            Y<= "1110" WHEN "00",
                "1101" WHEN "01",
                "1011" WHEN "10",
                "0111" WHEN "11",
                "1111" WHEN OTHERS;
                  ⋮
        END ONE;
```

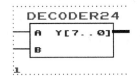

图 4-25　2-4 译码器符号图

2）进程语句

进程语句是一个并行语句，在一个结构体中，可允许有多个进程，进程之间是并行执行的，但在进程内部都是顺序执行的。进程语句格式如下：

```
[进程标号: ]PROCESS[(敏感信号表)]   IS
        说明语句
        BEGIN
        顺序语句
        END   PROCESS
```

进程是由敏感信号变化来启动的，它是一个无限循环过程（只要敏感信号存在）；进程中的说明语句是用来定义一个局部变量，可包括数据类型或是常数、变量等。在进程中，要用顺序语句来描述逻辑功能。

【**例 4.7**】 2 分频电路。

```
LIBRARY IEEE;
USE IEEE.STD_LOGIC_1164.ALL;
ENTITY FREDEVIDER IS
        PORT
        ( CLKIN:   IN STD_LOGIC;
          CLKOUT: OUT STD_LOGIC );
END FREDEVIDER;
ARCHITECTURE A OF FREDEVIDER IS
SIGNAL CLK    : STD_LOGIC;
BEGIN
  PROCESS (CLKIN)
    BEGIN
      IF (CLKIN'EVENT AND CLKIN = '1') THEN
         CLK <= NOT CLK;
      END IF;
  END PROCESS;
      CLKOUT    <= CLK;
END ;
```

在该 2 分频电路设计中,用 CLKIN 作为敏感信号启动进程,敏感信号变化一次,就启动一次进程。在说明语句中,定义了一个局部信号变量 CLK,该信号在每一个 CLKIN 上升沿取反一次,从而实现 2 分频。2 分频电路波形仿真如图 4-26 所示。

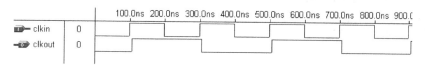

图 4-26 2 分频波形仿真

【**例 4.8**】 D 触发器,如图 4-27 所示。

```
LIBRARY IEEE ;
USE IEEE.STD_LOGIC_1164.ALL ;
ENTITY DFF1 IS
  PORT (CLK : IN STD_LOGIC ;
       D : IN STD_LOGIC ;
       Q : OUT STD_LOGIC );
END ;
ARCHITECTURE BHV OF DFF1 IS
 SIGNAL Q1 : STD_LOGIC ;
  BEGIN
   PROCESS (CLK)
    BEGIN
      IF  CLK'EVENT AND CLK = '1'
         THEN  Q1 <= D ;
      END IF;
```

```
      Q <= Q1 ;
   END PROCESS ;
END BHV;
```

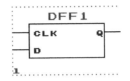

图 4-27  D 触发器符号图

D 触发器波形仿真如图 4-28 所示。

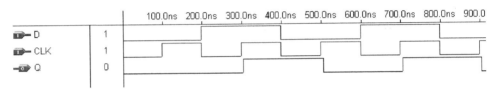

图 4-28  D 触发器波形仿真

**【例 4.9】** 4 位二进制计数器设计,如图 4-29 所示。

```
LIBRARY IEEE;
USE IEEE. STD_LOGIC_1164. ALL;
USE IEEE. STD_LOGIC_UNSIGNED. ALL;
ENTITY  COUNTER16  IS
    PORT
    (
         D: IN STD_LOGIC_VECTOR(3 DOWNTO 0);
         CP, RD, LD, EP, ET: IN    STD_LOGIC;
         CO: OUT STD_LOGIC;
         Q:OUT STD_LOGIC_VECTOR(3 DOWNTO 0));
END COUNTER16;
ARCHITECTURE A OF COUNTER16 IS
BEGIN
    PROCESS (CP)
    VARIABLE CNT: STD_LOGIC_VECTOR(3 DOWNTO 0);
    BEGIN
         IF RD = '0' THEN
         CNT := "0000";
         ELSIF (CP'EVENT AND CP = '1') THEN
            IF LD = '0' THEN
            CNT := D;
            ELSIF EP = '1' AND ET = '1' THEN
               IF CNT = "1111" THEN
                 CO <= '1';
```

```
                CNT := "0000";
        ELSE
          CNT := CNT + 1;
              CO <= '0';
        END IF;
     END IF;
  END IF;
  Q    <= CNT;
END PROCESS;
END A;
```

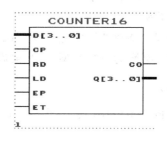

图 4-29 4 位二进制计数器符号图

4 位二进制计数器波形仿真如图 4-30 所示。

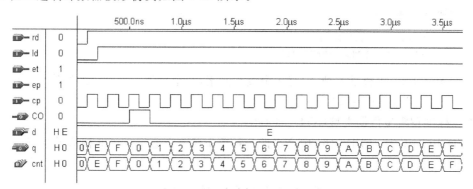

图 4-30 4 位二进制计数器波形仿真

## 4.2.3 VHDL 基本数据类型

VHDL 语言是一种强类型语言(Strong Typed Language),它对每个常数、变量、信号等的数据类型都有严格要求,只有相同数据类型的量才能互相传递。以下介绍几种常用的数据类型。

### 1. VHDL 预定义数据类型

VHDL 预定义的数据类型有以下几种。

(1) 布尔(BOOLEAN)数据类型。

这种数据类型是二值数据类型,取值为 FALSE 和 TRUE。

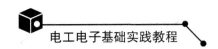

（2）位（BIT）数据类型。

位数据类型也属于二值数据类型，它的取值为 0 或者 1。位数据类型可进行"与""或""非"等逻辑运算。

（3）位矢量（BIT_VECTOR）数据类型。

位矢量是位数据类型的数组形式。例如：

SIGNAL  b: BIT_VECTOR(0  TO  7);

信号 b 被定义为一个具有 8 个元素的数组。b(0)最高位，b(7)为最低位。关键字 TO 表示数组是升序排列；DOWNTO 则是降序排列。

（4）整数（INTEGER）数据类型。

整数包括正整数、负整数和零。整数的取值范围为 $-(2^{31}-1)\sim(2^{31}-1)$。整数主要用于加、减、乘、除四则运算。在定义某数为整数类型时，必须规定数的范围。例如：

SINGAL n: INTEGER RANGE 0 TO 15;

即定义 n 为整数类型，其取值范围为 0～15，共 16 个数。n 将被综合成 4 条信号线构成的信号。

（5）枚举类型。

枚举类型是用户定义的数据类型。它用文字符号来表示一组二进制数。例如，在状态机设计中做以下定义：

TYPE  FST  IS (S0,S1,S2,S3);
SINGAL PERSENT_STATE,NEXT_STATE: FST

此时定义 FST 为枚举类型，它有 4 个枚举元素，每个枚举元素默认的取值为 S0＝"00"；S1＝"01"；S2＝"10"；S3＝"11"。

（6）标准逻辑位数据类型（STD_LOGIC）。

STD_LOGIC 是 IEEE 1164 中定义的一种逻辑状态。它定义可 9 种信号状态，如表 4-1 所示。

表 4-1  STD_LOGIC 中的信号定义

| 信 号 值 | 定 义 |
|---|---|
| U | Unimitialized 未初始化的，用于仿真 |
| X | Forcing Unknown，强未知，用于仿真 |
| 0 | Forcing 0，强 0，用于综合和仿真 |
| 1 | Forcing 1，强 1，用于综合和仿真 |
| Z | High Impedance，高阻态，用于综合和仿真 |
| W | Weak unknown，弱未知，用于仿真 |
| L | Weak 0，弱 0，用于综合和仿真 |
| H | Weak 1，弱 1，用于综合和仿真 |
| — | Don't care，忽略，用于综合和仿真 |

从表 4-1 中可知,STD_LOGIC 的信号定义与 BIT 类型定义对数字电路的逻辑描述更接近实际,一般对逻辑信号的定义均采用 STD_LOGIC 类型。

VHDL 运算符主要有 3 种,即算术运算符、关系运算符和逻辑运算符。

(1) 算术运算符。

VHDL 中算术运算符如表 4-2 所示。

表 4-2　算术运算符

| 操 作 符 | 功 能 | 操作数数据类型 |
| --- | --- | --- |
| + | 加 | 整数 |
| — | 减 | 整数 |
| & | 并置 | 一维数组 |
| * | 乘 | 整数和实数(包括浮点数) |
| / | 除 | 整数和实数(包括浮点数) |
| MOD | 取模 | 整数 |
| REM | 取余 | 整数 |
| SLL | 逻辑左移 | BIT 或布尔型一维数组 |
| SRL | 逻辑右移 | BIT 或布尔型一维数组 |
| SLA | 算术左移 | BIT 或布尔型一维数组 |
| SRA | 算术右移 | BIT 或布尔型一维数组 |
| ROL | 逻辑循环左移 | BIT 或布尔型一维数组 |
| ROR | 逻辑循环右移 | BIT 或布尔型一维数组 |
| ** | 乘方 | 整数 |
| ABS | 取绝对值 | 整数 |

(2) 关系运算符。

VDHL 语言的关系运算符有 6 种,如表 4-3 所示。

表 4-3　关系运算符

| 操 作 符 | 功 能 | 操作数数据类型 |
| --- | --- | --- |
| = | 等于 | 任何数据类型 |
| /= | 不等于 | 任何数据类型 |
| < | 小于 | 枚举与整数类型,及对应的一维数组 |
| > | 大于 | 枚举与整数类型,及对应的一维数组 |
| <= | 小于等于 | 枚举与整数类型,及对应的一维数组 |
| >= | 大于等于 | 枚举与整数类型,及对应的一维数组 |

(3) 逻辑运算符和符号运算符。

VDHL 语言支持 7 种逻辑运算符和两种符号运算符,如表 4-4 所示。

表 4-4　逻辑和符号运算符

| 类　型 | 操　作　符 | 功　能 | 操作数类型 |
|---|---|---|---|
| 逻辑操作符 | AND | 与 | BIT,BOOLEAN,STD_LOGIC |
| | OR | 或 | BIT,BOOLEAN,STD_LOGIC |
| | NAND | 与非 | BIT,BOOLEAN,STD_LOGIC |
| | NOR | 或非 | BIT,BOOLEAN,STD_LOGIC |
| | XOR | 异或 | BIT,BOOLEAN,STD_LOGIC |
| | XNOR | 异或非 | BIT,BOOLEAN,STD_LOGIC |
| | NOT | 非 | BIT,BOOLEAN,STD_LOGIC |
| 符号操作符 | + | 正 | 整数 |
| | — | 负 | 整数 |

### 4.2.4　元件例化

元件例化就是将以前设计好的实体在本设计中作为一个元件,然后用 VDHL 语言将各元件之间的连接关系描述出来。

元件例化首先应有已设计好的实体。元件例化语句由两部分组成,第一部分进行元件定义,第二部分是元件连接关系映射语句。

元件例化语句的格式如下:

```
COMPONENT 元件名  IS
  [GENERIC(类属表);]
  PORT(端口表);
END COMPONENT
例化名 1: 元件名 1  PORT MAP(元件端口名 =>连接端口名,…)
  ⋮
例化名 n: 元件名 n  PORT MAP(元件端口名 =>连接端口名,…)
```

现以全加器作为例子,说明元件例化的使用方法。现已有一个设计好的半加器元件和一个或门元件,要求用两个半加器和一个或门设计一个全加器。采用元件例化的方法作全加器顶层设计。

【例 4.10】　1 位二进制全加器顶层设计描述。

```
    LIBRARY  IEEE;
    USE IEEE.STD_LOGIC_1164.ALL;
    ENTITY f_adder IS
    PORT (ain,bin,cin : IN STD_LOGIC;
        cout,sum :  OUT STD_LOGIC );
END f_adder;
ARCHITECTURE fd1 OF f_adder IS
    COMPONENT h_adder
      PORT (  a,b :  IN STD_LOGIC;
            co,so :  OUT STD_LOGIC);
    END COMPONENT ;
```

```
COMPONENT or2a
    PORT (a,b : IN STD_LOGIC;
          c :   OUT STD_LOGIC);
    END COMPONENT;
SIGNAL d,e,f   :   STD_LOGIC;
  BEGIN
    u1 : h_adder PORT MAP(a=>ain,b=>bin,co=>d,so=>e);
    u2 : h_adder PORT MAP(a=>e,   b=>cin,co=>f,so=>sum);
    u3 :   or2a   PORT MAP(a=>d,  b=>f,   c=>cout);
  END fd1;
```

全加器顶层设计所对应的电路图和符号如图 4-31 所示。

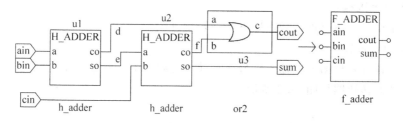

图 4-31 例 4.10 顶层电路图

元件例化语句实现了系统的层次化和结构化设计,但它只能用在一个实体中调用该元件。如果有多个实体均调用该元件,则每个实体都要一一对该元件进行定义,占用编程篇幅较大,使程序显得臃肿。解决这个问题的方法是用程序包(package)。

在系统顶层文件设计中,可以采用元件例化的方法设计顶层文件,也可以采用图形设计法设计顶层文件。图 4-31 示出了全加器顶层文件的内部电路图,当然该电路图可通过图形输入法设计。一般来讲,图形输入法(内部连线直截了当)比较直观,可读性强。而元件例化可移植性强,更适合从上到下的设计方法。

## 4.2.5 有限状态机

状态机在同步时序逻辑电路设计中有着广泛的应用。在传统的时序逻辑电路设计中往往是将实际问题转化为原始的状态图,进行状态化简得到最简状态图,然后通过状态转化表求出逻辑函数。

用 VDHL 语言设计的数字系统中,在很多方面可以利用有限状态机的设计方案来描述和实现。它控制灵活方便,运行速度快,可靠性强,而且设计结构模式相对简单。

VDHL 语言设计的状态机有多种形式。一般分为米里型(Mealy)和摩尔型(Moore)两种。摩尔型状态机的特点是输出由输入和当前状态决定;而米里型状态机的特点是输出仅由当前状态决定。

一般有限状态机的设计由 3 部分组成。

**1. 说明部分**

说明部分用 TYPE 语句定义数据类型,此数据类型为枚举型,说明部分放在结构体和

BEGIN 之间,其格式如下:

```
ARCHITECTURE … IS
   TYPE F_STATE   IS(S0,S1,S2,S3)
   SIGNAL CURRENT_STATE, NEXT_STATE:
F_STATE
   …
```

该说明语句定义 F_STATE 为状态变量,其类型的元素是 $S_0$、$S_1$、$S_2$、$S_3$,表示该状态机有 4 个状态;定义信号 CURRENT_STATE 和 NEXT_STATE 的数据类型是 F_STATE。它的取值范围是 $S_0$、$S_1$、$S_2$、$S_3$ 等 4 个元素。

**2. 主控时序进程**

该进程主要负责在时钟信号作用下状态转化进程。

**3. 主控组合进程**

该进程的任务是根据外部输入信号或当前状态确定下一状态。下面通过一个例子来说明。设某一状态转化图如图 4-32 所示。

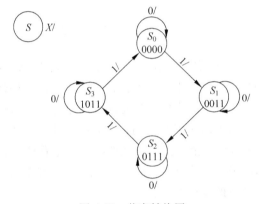

图 4-32 状态转换图

该电路共有 4 个状态,即 $S_0$、$S_1$、$S_2$、$S_3$。$S_0$ 对应 Y_OUT 输出 0000,$S_1$ 对应 Y_OUT 输出 0011,$S_2$ 对应 Y_OUT 输出 0111,$S_3$ 对应 Y_OUT 输出 1011。$X$ 为输入控制信号,当 $X=0$ 时,每个状态保持原状态;当 $X=1$ 时,按 $S_0 \rightarrow S_1 \rightarrow S_2 \rightarrow S_3 \rightarrow S_0$ 依次转换。

**【例 4.11】** 有限状态机的设计。

```
LIBRARY IEEE;
USE IEEE.STD_LOGIC_1164.ALL;
ENTITY S_MACHINE IS
   PORT ( CLK,RESET    : IN STD_LOGIC;
            X : IN STD_LOGIC;
            Y_OUT : OUT INTEGER RANGE 0 TO 15 );
END S_MACHINE;
ARCHITECTURE BEHV OF S_MACHINE IS
```

```
  TYPE FSM_ST IS (S0, S1, S2, S3);
  SIGNAL CURRENT_STATE, NEXT_STATE: FSM_ST;
BEGIN
 REG: PROCESS (RESET,CLK)
   BEGIN
     IF RESET = '1' THEN   CURRENT_STATE <= S0;
      ELSIF CLK = '1' AND CLK'EVENT THEN
        CURRENT_STATE <= NEXT_STATE;
      END IF;
   END PROCESS;
COM:PROCESS(CURRENT_STATE,X)
BEGIN
     CASE CURRENT_STATE IS
        WHEN S0 => Y_OUT <= 0;
          IF X = '0' THEN   NEXT_STATE <= S0;
             ELSE   NEXT_STATE <= S1;
           END IF;
        WHEN S1 =>   Y_OUT <= 3;
          IF X = '0' THEN   NEXT_STATE <= S1;
          ELSE   NEXT_STATE <= S2;
          END IF;
        WHEN S2 =>   Y_OUT <= 7;
          IF X = '0' THEN   NEXT_STATE <= S2;
          ELSE   NEXT_STATE <= S3;
          END IF;
        WHEN S3 =>   Y_OUT <= 11;
          IF X = '0' THEN   NEXT_STATE <= S3;
          ELSE   NEXT_STATE <= S0;
          END IF;
        END CASE;
        END PROCESS;
        END BEHV;
```

例 4.11 的波形仿真如图 4-33 所示。

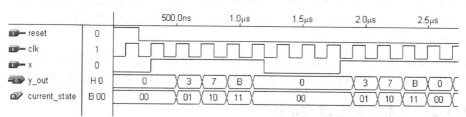

图 4-33　例 4.11 的波形仿真

## 4.3　EDA 设计实例

### 4.3.1　EDA 设计的形式和实现方法

**1. EDA 应用的形式**

EDA(Electronic Design Automatic)技术综合应用的形式有以下几种。

（1）CPLD/FPGA(Field-Programmable Gate Array)系统。使用 EDA 技术开发 CPLD/FPGA,以 CPLD/FPGA 为核心开发电子设计系统。

（2）CPLD/FPGA＋MCU 系统。综合应用 EDA 和单片机技术,以 CPLD/FPGA＋MCU 为核心芯片开发电子设计系统。

（3）"CPLD/FPGA＋专用 DSP 处理器"系统。将 EDA 技术与 DSP 专用处理器配合使用,构成一个数字信号处理系统的整体。

（4）基于 FPGA 实现的现代 DSP 系统。综合应用 EDA 技术、FPGA 技术和 DSP 技术。以 FPGA 为核心开发 DSP 系统。

（5）基于 FPGA 实现的 SOC(System On a Programmable Chip)片上系统。在 CPLD/FPGA 芯片上嵌入微处理器,设计能满足系统要求的专用计算机应用系统。

**2. 设计方法**

传统的电路设计方法都是自底向上进行设计的,也就是首先确定可用的元器件,然后根据这些器件进行逻辑设计,完成各模块后进行连接,最后形成系统。在基于 CPLD/FPGA 的系统设计的最重要环节是,采用自顶向下分析、自底向上设计的方法。所谓自顶向下分析,就是指将数字系统的整体逐步分解为各个子系统和模块。

**3. 实现方法**

1）硬件描述语言编程实现法

硬件描述语言编程实现法就是用 VHDL 等硬件描述语言来表达自己的设计思想,并使用 EDA 工具提供的文本编辑器以文本的方式进行设计输入的一种实现方法。

2）原理图设计实现法

原理图设计实现法就是用原理图表达自己的设计思想,并使用 EDA 工具提供的图形编辑器以原理图的方式进行设计输入的一种实现方法。

3）参数可设置兆功能块实现法

参数可设置兆功能块实现法就是设计者可以根据实际电路的设计需要,选择 LPM(Library of Parameterized Modules,参数可设置模块库),如 ROM、RAM、PLL 等。

4）软的或硬的 IP 核实现法

软的或硬的 IP 核实现法就是在大型系统的设计中,对于某些功能模块的设计可通过调用已经购买的有关公司或电子工程技术人员的软的或硬的 IP(知识产权)核来实现。

### 4.3.2　基本单元电路的设计

**1. 同步计数器的设计**

计数器是在数字系统中使用最多的时序电路,它不仅能用于对时钟脉冲计数,还可以用于分频、定时、产生节拍脉冲和脉冲序列以及进行数字运算等。

同步计数器就是在时钟脉冲(计数脉冲)的控制下,构成计数器的各触发器状态同时发生变化的那一类计数器。

【例 4.12】　100 进制同步计数器设计。

```
LIBRARY IEEE;
USE IEEE.STD_LOGIC_1164.ALL;
USE IEEE.STD_LOGIC_UNSIGNED.ALL;
ENTITY CNT100 IS
PORT(
        CLK,CZH,CLR:IN STD_LOGIC;
         CO:OUT STD_LOGIC;
         QQL,QQH: BUFFER STD_LOGIC_VECTOR(3 DOWNTO 0)
         );
END ;
ARCHITECTURE ONE OF CNT100 IS
BEGIN
    PROCESS(CLK,CZH,CLR)
     BEGIN
   IF (CLR = '1')THEN
       QQH<= "0000";
         QQL<= "0000";
             ELSIF(CLK'EVENT AND CLK = '1') THEN
         IF (CZH='1')THEN
          IF(QQL = 9)THEN
              QQL<= "0000";
                  IF(QQH = 9)THEN
                   QQH<= "0000";
                  ELSE QQH<= QQH + 1;
                  END IF;
              ELSE
               QQL<= QQL + 1;
              END IF;
              END IF;
END IF;
END PROCESS;
PROCESS(QQL,QQH)
    BEGIN
   IF((QQL = 9) AND (QQH = 9))THEN
     CO<= '0';
     ELSE CO<= '1';
      END IF;
 END PROCESS;
    END ONE;
```

100 进制计数器仿真波形如图 4-34 所示。

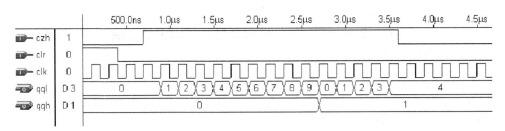

图 4-34　100 进制计数器仿真波形

**2. 显示译码器设计**

7 段数码显示译码器是纯组合电路,通常可由小规模专用 IC 来实现。利用 CPLD/FPGA 设计的优点是:既可设计成十进制 BCD 码译码器,也可设计成十六进制译码器;既可设计成和共阳极 LED 器件接口,又可设计成和共阴极 LED 器件接口。设计灵活,修改方便。例如,7 段十六进制译码器,输出信号 LED7S 的 7 位分别接图 4-35 所示数码管的 7 个段,a 为高,h 为低位。例如,当 LED7S 输出为 1011011 时,数码管的 7 个段:a、b、c、d、e、f、g 分别接 1、0、1、1、0、1、1;接有高电平的段发亮,于是数码管显示"5"。

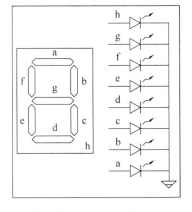

图 4-35　共阴极 LED 器件

【**例 4.13**】　7 段共阴极数码显示译码器设计。

二进制译码显示译码 DELED 的 VHDL 程序如下。

```
LIBRARY IEEE;
USE IEEE.STD_LOGIC_1164.ALL;
ENTITY DELED IS
PORT(   NUM: IN STD_LOGIC_VECTOR(3 DOWNTO 0);
        LED7: BUFFER STD_LOGIC_VECTOR(6 DOWNTO 0)
            );
END;
ARCHITECTURE ONE OF DELED IS
BEGIN
PROCESS(NUM)
 BEGIN
 CASE NUM IS
    WHEN "0000"  = >LED7< = "1111110";
    WHEN "0001"  = >LED7< = "0110000";
    WHEN "0010"  = >LED7< = "1101101";
    WHEN "0011"  = >LED7< = "1111001";
    WHEN "0100"  = >LED7< = "0110011";
    WHEN "0101"  = >LED7< = "1011011";
    WHEN "0110"  = >LED7< = "1011111";
    WHEN "0111"  = >LED7< = "1110000";
```

```
      WHEN "1000" => LED7 <= "1111111";
      WHEN "1001" => LED7 <= "1111011";
      WHEN "1010" => LED7 <= "1110111";
      WHEN "1011" => LED7 <= "0011111";
      WHEN "1100" => LED7 <= "1001110";
      WHEN "1101" => LED7 <= "0111101";
      WHEN "1110" => LED7 <= "1001111";
      WHEN "1111" => LED7 <= "1000111";
      WHEN OTHERS => LED7 <= "-------";
    END CASE;
  END PROCESS;
END ONE;
```

### 4.3.3  移位相加 8 位硬件乘法器电路设计

#### 1. 系统设计要求

设计一个 8 位硬件乘法器电路,有清零开关和数据输入开关。输入被乘数、乘数;3 组输出信号:被乘数、乘数和积,其中被乘数和乘数均为 8 位二进制数,积为 16 位二进制数。

#### 2. 系统设计方案

根据系统设计要求可知,整个系统共有 5 组输入信号:系统清零信号 CLR、数据输入开关 LOAD、时钟输入 CLK、被乘数和乘数;输出信号为积。

据此可将整个移位相加 8 位硬件乘法器电路分为三大部分:控制电路 CONGB、8 位加法器电路 ADDEER8 和 16 位寄存器 REG16。整个系统的组成原理如图 4-36 所示。

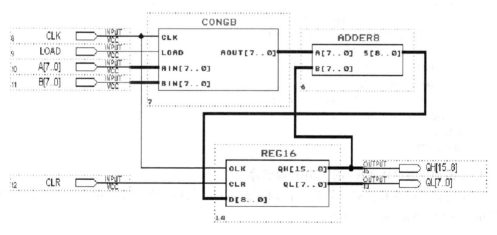

图 4-36  8 位硬件乘法器电路图

#### 3. 控制电路 CONGB 的 VHDL 源程序

该模块的主要功能是:根据乘数每一位是 0 或 1,确定输出的乘数等于 0 或等于被乘数。即:在每一个时钟脉冲作用下,乘数 B 右移一次,若移出位为 0,则输出为 0,若移出位为 1,则输出等于被乘数。元件符号如图 4-37 所示。

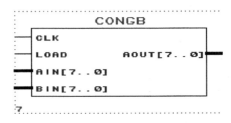

图 4-37  控制电路的元件符号图

CONGB 的 VHDL 源程序如下：

```
LIBRARY IEEE;
USE IEEE.STD_LOGIC_1164.ALL;
ENTITY CONGB IS
    PORT (   CLK : IN STD_LOGIC;
             LOAD : IN STD_LOGIC;
             AIN : IN STD_LOGIC_VECTOR(7 DOWNTO 0);
             BIN : IN STD_LOGIC_VECTOR(7 DOWNTO 0);
             AOUT : OUT STD_LOGIC_VECTOR(7 DOWNTO 0)   );
END CONGB;
ARCHITECTURE behav OF CONGB IS
    SIGNAL REG8 : STD_LOGIC_VECTOR(7 DOWNTO 0);
    SIGNAL QB:STD_LOGIC;
BEGIN
    PROCESS (CLK, LOAD)
    BEGIN
        IF  LOAD = '1' THEN  REG8 <= BIN;
        ELSIF CLK'EVENT AND CLK = '1' THEN
            REG8(6 DOWNTO 0) <= REG8(7 DOWNTO 1);
         END IF;
         QB <= REG8(0);
        IF  QB = '1' THEN  AOUT <= AIN;
        ELSE AOUT <= "00000000";
    END IF;
    END PROCESS;
```

### 4. 8 位加法器 ADDER8 的 VHDL 源程序

该加法器的加数和被加数均为 8 位，和为 9 位。元件符号如图 4-38 所示。8 位加法器
ADDER8 的 VHDL 源程序如下：

```
LIBRARY IEEE;
USE IEEE.STD_LOGIC_1164.ALL;
USE IEEE.STD_LOGIC_UNSIGNED.ALL;
ENTITY ADDER8 IS
    PORT(A, B : IN STD_LOGIC_VECTOR(7 DOWNTO 0);
             S : OUT STD_LOGIC_VECTOR(8 DOWNTO 0)   );
END ADDER8;
```

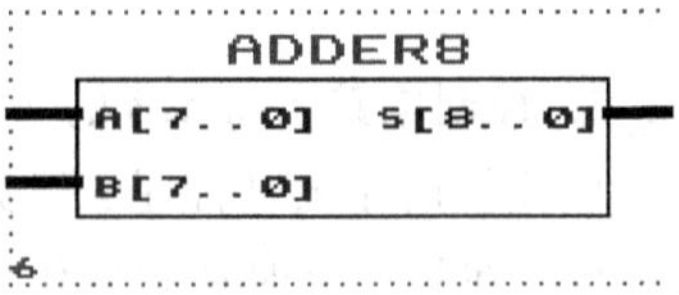

图 4-38  ADDER8 的元件符号

```
ARCHITECTURE behav OF ADDER8 IS
  BEGIN
       S <= '0'&A + B ;
  END behav;
```

### 5. 16 位锁存器/右移寄存器的 VHDL 源程序

16 位锁存器/右移寄存器 REG16 的元件符号如图 4-39 所示。它的 VHDL 源程序如下：

```
LIBRARY IEEE;
USE IEEE. STD_LOGIC_1164. ALL;
ENTITY REG16 IS
    PORT ( CLK,CLR  : IN STD_LOGIC;
            D : IN STD_LOGIC_VECTOR(8 DOWNTO 0);
            QH : OUT STD_LOGIC_VECTOR(15 DOWNTO 8);
            QL : OUT STD_LOGIC_VECTOR(7 DOWNTO 0) );
END REG16;
ARCHITECTURE behav OF REG16 IS
    SIGNAL R16S : STD_LOGIC_VECTOR(15 DOWNTO 0);
BEGIN
    PROCESS(CLK, CLR)
    BEGIN
     IF CLR = '1' THEN  R16S <= (OTHERS =>'0') ; 清零信号
     ELSIF CLK'EVENT AND CLK = '1' THEN
        R16S(6 DOWNTO 0)  <= R16S(7 DOWNTO 1); 右移低 8 位
        R16S(15 DOWNTO 7) <= D;          -- 将输入锁到高 8 位
     END IF;
      END IF;
    END PROCESS;
    QL <= R16S(7 DOWNTO 0);
    QH <= R16S(15 DOWNTO 8);
END behav;
```

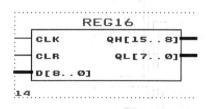

图 4-39　REG16 的元件符号图

### 6. 系统仿真

整个电路的系统仿真如图 4-40 所示。该仿真表明 FAH×57H＝54F6H。仿真结果证明了设计的正确性。

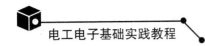
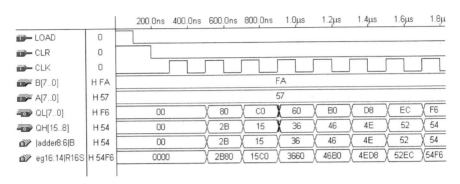

图 4-40　系统仿真波形

## 4.3.4　交通灯控制器的设计

**1. 系统设计要求**

设计一个主支干道的汇合点形成的十字交叉路口的交通灯控制器,具体要求如下。

(1) 主、支干道各设有一个绿、黄、红指示灯,两个两位显示数码管。

(2) 主干道每次放行 30s,支干道每次放行 25s,在每次由亮绿灯变成亮红灯的转换过程中,要亮 5s 的黄灯作为过渡,并进行倒计时显示。

(3) 根据实验箱的硬件接口设计相应电路。

**2. 系统设计方案**

总体框图如图 4-41 所示。

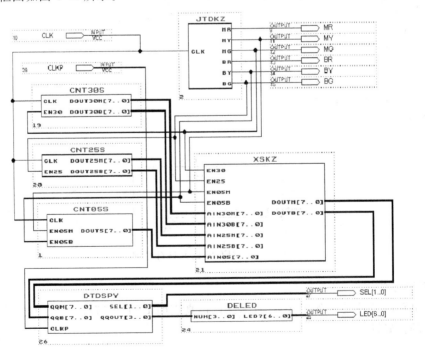

图 4-41　总体框图

该系统由 3 部分组成：第一部分为定时单元，它由 5s 定时单元 CNT05S、25s 定时单元 CNT25S 和 30s 定时单元 CNT30S 这 3 个模块组成。第二部分为交通灯控制器 JTDKZ，它的主要功能是根据设计要求控制交通灯变化。第三部分显示单元，它由显示控制单元 XSKZ、动态显示单元 DTDSPY 和显示译码单元 DELED 组成，完成主支干道数码管的倒计时显示。

**3. 定时单元设计**

1）30s 定时单元 CNT30S 的 VHDL 程序和仿真波形

```
LIBRARY IEEE;
USE IEEE.STD_LOGIC_1164.ALL;
USE IEEE.STD_LOGIC_UNSIGNED.ALL;
ENTITY CNT30S IS
  PORT(CLK,EN30:IN STD_LOGIC;
       DOUT30M,DOUT30B:OUT STD_LOGIC_VECTOR(7 DOWNTO 0));
END CNT30S;
ARCHITECTURE ART OF CNT30S  IS
  SIGNAL CNT6B: STD_LOGIC_VECTOR(4 DOWNTO 0);
  BEGIN
  PROCESS(CLK,EN30) IS
    BEGIN
    IF EN30 = '0'THEN CNT6B < = "00000";
    ELSIF (CLK'EVENT AND CLK =  '1')THEN
       CNT6B < = CNT6B + 1;
      ELSE
      END IF;
  END PROCESS;
 PROCESS(CNT6B) IS
  BEGIN
   CASE CNT6B IS
   WHEN "00000" = > DOUT30M < = "00110000"; DOUT30B < = "00110101";
   WHEN "00001" = > DOUT30M < = "00101001"; DOUT30B < = "00110100";
   WHEN "00010" = > DOUT30M < = "00101000"; DOUT30B < = "00110011";
   WHEN "00011" = > DOUT30M < = "00100111"; DOUT30B < = "00110010";
   WHEN "00100" = > DOUT30M < = "00100110"; DOUT30B < = "00110001";
   WHEN "00101" = > DOUT30M < = "00100101"; DOUT30B < = "00110000";
   WHEN "00110" = > DOUT30M < = "00100100"; DOUT30B < = "00101001";
   WHEN "00111" = > DOUT30M < = "00100011"; DOUT30B < = "00101000";
   WHEN   "01000" = > DOUT30M < = "00100010"; DOUT30B < = "00100111";
   WHEN "01001" = > DOUT30M < = "00100001"; DOUT30B < = "00100110";
   WHEN"01010"  = > DOUT30M < = "00100000"; DOUT30B < = "00100101";
   WHEN "01011" = > DOUT30M < = "00011001"; DOUT30B < = "00100100";
   WHEN "01100" = > DOUT30M < = "00011000"; DOUT30B < = "00100011";
   WHEN"01101" = > DOUT30M < = "00010111"; DOUT30B < = "00100010";
   WHEN "01110" = > DOUT30M < = "00010110"; DOUT30B < = "00100001";
   WHEN "01111" = > DOUT30M < = "00010101"; DOUT30B < = "00100000";
   WHEN "10000" = > DOUT30M < = "00010100"; DOUT30B < = "00011001";
```

```
    WHEN "10001" = > DOUT30M < = "00010011"; DOUT30B < = "00011000";
    WHEN "10010" = > DOUT30M < = "00010010"; DOUT30B < = "00010111";
    WHEN "10011" = > DOUT30M < = "00010001"; DOUT30B < = "00010110";
    WHEN "10100" = > DOUT30M < = "00010000"; DOUT30B < = "00010101";
    WHEN "10101" = > DOUT30M < = "00001001"; DOUT30B < = "00010100";
    WHEN "10110" = > DOUT30M < = "00001000"; DOUT30B < = "00010011";
    WHEN "10111" = > DOUT30M < = "00000111"; DOUT30B < = "00010010";
    WHEN "11000" = > DOUT30M < = "00000110"; DOUT30B < = "00010001";
    WHEN "11001" = > DOUT30M < = "00000101"; DOUT30B < = "00010000";
    WHEN "11010" = > DOUT30M < = "00000100"; DOUT30B < = "00001001";
    WHEN "11011" = > DOUT30M < = "00000011"; DOUT30B < = "00001000";
    WHEN "11100" = > DOUT30M < = "00000010"; DOUT30B < = "00000111";
    WHEN "11101" = > DOUT30M < = "00000001"; DOUT30B < = "00000110";
    WHEN OTHERS = > DOUT30M < = "00000000"; DOUT30B < = "00000000";
END CASE;
END PROCESS;
END ART;
```

30s 定时单元 CNT30S 的仿真波形如图 4-42 所示。

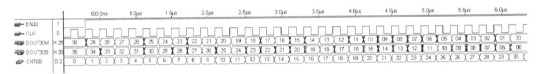

图 4-42　CNT30S 的仿真波形

2）5s 定时单元 CNT05S 的 VHDL 程序和仿真波形

```
LIBRARY IEEE;
USE IEEE. STD_LOGIC_1164. ALL;
USE IEEE. STD_LOGIC_UNSIGNED. ALL;
ENTITY CNT05S IS
  PORT(CLK,EN05M,EN05B:IN STD_LOGIC;
       DOUT5: OUT STD_LOGIC_VECTOR(7 DOWNTO 0));
END CNT05S;
ARCHITECTURE ART OF CNT05S IS
  SIGNAL CNT3B: STD_LOGIC_VECTOR(2 DOWNTO 0);
  BEGIN
  PROCESS(CLK,EN05M,EN05B) IS
    BEGIN
        IF EN05M = '0' AND EN05B = '0' THEN
            CNT3B < = "000";
          ELSIF(CLK'EVENT AND CLK = '1')THEN
          CNT3B < = CNT3B + 1;
        ELSE
          END IF;
    END PROCESS;
  PROCESS(CNT3B) IS
```

```
    BEGIN
    CASE CNT3B IS
    WHEN "000" = > DOUT5 < = "00000101";
    WHEN "001" = > DOUT5 < = "00000100";
    WHEN "010" = > DOUT5 < = "00000011";
    WHEN "011" = > DOUT5 < = "00000010";
    WHEN "100" = > DOUT5 < = "00000001";
    WHEN OTHERS = > -- DOUT5 < = "00000000";
    END CASE;
  END PROCESS;
END ARCHITECTURE ART;
```

5s 定时单元 CNT05S 的仿真波形如图 4-43 所示。

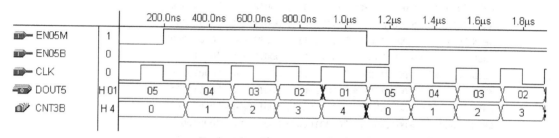

图 4-43　CNT05S 的仿真波形

3）25s 定时单元 CNT25S 的 VHDL 程序和仿真波形

```
LIBRARY IEEE;
USE IEEE. STD_LOGIC_1164. ALL;
USE IEEE. STD_LOGIC_UNSIGNED. ALL;
ENTITY CNT25S IS
  PORT(CLK, EN25: IN STD_LOGIC;
        DOUT25M, DOUT25B: OUT STD_LOGIC_VECTOR(7 DOWNTO 0));
END CNT25S;
ARCHITECTURE ART OF CNT25S IS
  SIGNAL CNT5B: STD_LOGIC_VECTOR(4 DOWNTO 0);
  BEGIN
  PROCESS(CLK, EN25) IS
    BEGIN
  IF(CLK'EVENT AND CLK = '1')THEN
      IF EN25 = '1' THEN
        CNT5B < = CNT5B + 1;
      ELSIF EN25 = '0'THEN
        CNT5B < = CNT5B - CNT5B - 1;
      END IF;
    END IF;
    END PROCESS;
  PROCESS(CNT5B) IS
```

```
BEGIN
CASE CNT5B IS
  WHEN "00000" => DOUT25B <= "00100101"; DOUT25M <= "00110000";
  WHEN "00001" => DOUT25B <= "00100100"; DOUT25M <= "00101001";
  WHEN "00010" => DOUT25B <= "00100011"; DOUT25M <= "00101000";
  WHEN "00011" => DOUT25B <= "00100010"; DOUT25M <= "00100111";
  WHEN "00100" => DOUT25B <= "00100001"; DOUT25M <= "00100110";
  WHEN "00101" => DOUT25B <= "00100000"; DOUT25M <= "00100101";
  WHEN "00110" => DOUT25B <= "00011001"; DOUT25M <= "00100100";
  WHEN "00111" => DOUT25B <= "00011000"; DOUT25M <= "00100011";
  WHEN "01000" => DOUT25B <= "00010111"; DOUT25M <= "00100010";
  WHEN "01001" => DOUT25B <= "00010110"; DOUT25M <= "00100001";
  WHEN "01010" => DOUT25B <= "00010101"; DOUT25M <= "00100000";
  WHEN "01011" => DOUT25B <= "00010100"; DOUT25M <= "00011001";
  WHEN "01100" => DOUT25B <= "00010011"; DOUT25M <= "00011000";
  WHEN "01101" => DOUT25B <= "00010010"; DOUT25M <= "00010111";
  WHEN "01110" => DOUT25B <= "00010001"; DOUT25M <= "00010110";
  WHEN "01111" => DOUT25B <= "00010000"; DOUT25M <= "00010101";
  WHEN "10000" => DOUT25B <= "00001001"; DOUT25M <= "00010100";
  WHEN "10001" => DOUT25B <= "00001000"; DOUT25M <= "00010011";
  WHEN "10010" => DOUT25B <= "00000111"; DOUT25M <= "00010010";
  WHEN "10011" => DOUT25B <= "00000110"; DOUT25M <= "00010001";
  WHEN "10100" => DOUT25B <= "00000101"; DOUT25M <= "00010000";
  WHEN "10101" => DOUT25B <= "00000100"; DOUT25M <= "00001001";
  WHEN "10110" => DOUT25B <= "00000011"; DOUT25M <= "00001000";
  WHEN "10111" => DOUT25B <= "00000010"; DOUT25M <= "00000111";
  WHEN "11000" => DOUT25B <= "00000001"; DOUT25M <= "00000110";
  WHEN OTHERS => DOUT25B <= "00000000"; DOUT25M <= "00000000";
  END CASE;
 END PROCESS;
END ART;
```

25s 定时单元 CNT25S 的仿真波形如图 4-44 所示。

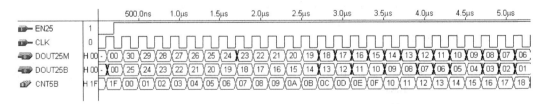

图 4-44  25s 定时单元 CNT25S 的仿真波形

### 4. 交通灯控制器的设计

交通灯控制器 JTDKZ 的主要功能是根据设计要求控制交通灯变化,采用有限状态机方法编程。

```
LIBRARY IEEE;
USE IEEE.STD_LOGIC_1164.ALL;
ENTITY JTDKZ IS
    PORT(CLK:IN STD_LOGIC;
            MR,MY,MG,BR,BY,BG: OUT STD_LOGIC);
END JTDKZ;
ARCHITECTURE ART OF JTDKZ IS
    TYPE STATE_TYPE IS(A,B,C,D);
    SIGNAL STATE: STATE_TYPE;
    BEGIN
    CNT:PROCESS(CLK) IS
        VARIABLE S:INTEGER RANGE 0 TO 45;
        VARIABLE CLR,EN:BIT;
        BEGIN
IF(CLK'EVENT AND CLK = '1')THEN
        IF CLR = '0'THEn
        S := 0;
        ELSIF EN = '0' THEN
          S := S;
        ELSE
          S := S + 1;
        END IF;
        CASE STATE IS
        WHEN A => MR <= '0'; MY <= '0';   MG <= '1';
                BR <= '1'; BY <= '0'; BG <= '0';
                  IF S = 30 THEN
                    STATE <= B; CLR := '0'; EN := '0';
                  ELSE
                    STATE <= A; CLR := '1'; EN := '1';
                  END IF;
        WHEN B => MR <= '0'; MY <= '1'; MG <= '0';
                BR <= '1'; BY <= '0'; BG <= '0';
                IF S = 5 THEN
                    STATE <= C;CLR := '0'; EN := '0';
                ELSE
                    STATE <= B; CLR := '1'; EN := '1';
                END IF;
        WHEN C => MR <= '1'; MY <= '0'; MG <= '0';
                BR <= '0'; BY <= '0'; BG <= '1';
                  IF S = 25 THEN
                    STATE <= D; CLR := '0'; EN := '0';
                  ELSE
                    STATE <= C; CLR := '1'; EN := '1';
                  END IF;
```

```
WHEN D = > MR <= '1'; MY <= '0';   MG <= '0';
                BR <= '0'; BY <= '1'; BG <= '0';
                IF S = 5 THEN
                STATE <= A;CLR := '0'; EN := '0';
                ELSE
                    STATE <= D; CLR := '1'; EN := '1';
                END IF;
        END CASE;
    END IF;
  END PROCESS;
END ART;
```

**5. 显示单元的设计**

显示单元由显示控制单元 XSKZ、动态显示单元 DTDSPY 和显示译码单元 DELED 组成。

1) 显示控制单元 XSKZ 的 VHDL 程序设计

```
LIBRARY IEEE;
USE IEEE.STD_LOGIC_1164.ALL;
USE IEEE.STD_LOGIC_UNSIGNED.ALL;
ENTITY XSKZ IS
  PORT(EN30,EN25,EN05M,EN05B:IN STD_LOGIC;
       AIN30M,AIN30B: IN STD_LOGIC_VECTOR(7 DOWNTO 0);
       AIN25M,AIN25B,AIN05: IN STD_LOGIC_VECTOR(7 DOWNTO 0);
       DOUTM,DOUTB: OUT STD_LOGIC_VECTOR(7 DOWNTO 0));
END ENTITY XSKZ;
ARCHITECTURE ART OF XSKZ IS
  BEGIN
  PROCESS(EN30,EN25,EN05M,EN05B) IS
    BEGIN
    IF EN30 = '1'THEN
      DOUTM <= AIN30M(7 DOWNTO 0); DOUTB <= AIN30B(7 DOWNTO 0);
    ELSIF  EN05M = '1'THEN
      DOUTM <= AIN05(7 DOWNTO 0); DOUTB <= AIN05(7 DOWNTO 0);
    ELSIF  EN25 = '1' THEN
      DOUTM <= AIN25M(7 DOWNTO 0); DOUTB <= AIN25B(7 DOWNTO 0);
    ELSIF  EN05B = '1'THEN
      DOUTM <= AIN05(7 DOWNTO 0); DOUTB <= AIN05(7 DOWNTO 0);
    END IF;
  END PROCESS;
END ART;
```

XSKZ 的仿真波形如图 4-45 所示。

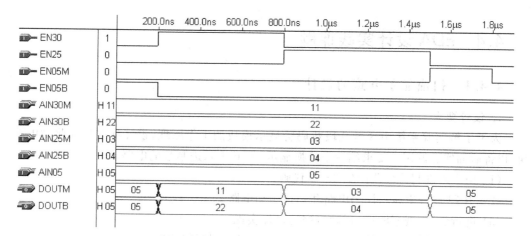

图 4-45 XSKZ 的仿真波形

## 2）4 位动态显示单元 DTDSPY 的 VHDL 程序设计

```
LIBRARY IEEE;
USE IEEE.STD_LOGIC_1164.ALL;
ENTITY DTDSPY IS
PORT(    QQM,QQB: IN STD_LOGIC_VECTOR(7 DOWNTO 0);
         CLKP: IN STD_LOGIC;
         SEL : BUFFER INTEGER RANGE 3 DOWNTO 0;
         QQOUT: OUT STD_LOGIC_VECTOR(3 DOWNTO 0)
         );
END;
ARCHITECTURE ONE OF DTDSPY IS
BEGIN
PROCESS(CLKP,SEL)
 BEGIN
    IF(CLKP'EVENT AND CLKP = '1') THEN
     SEL < = SEL + 1;
    END IF;
    CASE SEL IS
   WHEN 0  = >
     QQOUT < = QQM(3 TO 0);
   WHEN 1 = >
     QQOUT < =  QQM(7 TO 4);
   WHEN 2 = >
     QQOUT < =  QQB(3 TO 0);
   WHEN 3 = >
    QQOUT < =  QQB(7 TO 4);
    END CASE;
END PROCESS;
END;
```

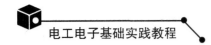

## 4.4 EDA 设计实践课题

### 4.4.1 扫描显示电路的设计

**1. 设计要求**

为了了解实验系统中 8 位八段数码管显示模块的工作原理,设计标准扫描驱动电路模块,以备后面实验调用。要求编一个轮换显示 0～F 十六进制数的电路。

(1) 用十六进制计数器产生 0～F 代码。

(2) 用 PLD 产生显示译码电路和扫描驱动电路。

(3) 进行仿真,观察波形,正确后进行设计实现。

(4) 调节时钟频率 CLK,并观察字符亮度和显示刷新的效果。

**2. 设计原理**

实验系统中提供的数码管显示如图 4-46 所示。其中显示驱动、3/8 译码器以及显示器的电路已在内部连接好。

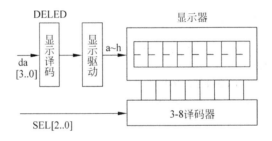

图 4-46　实验系统中数码显示电路

现需要从 da 端输入 0～F 代码并产生 SEL[2..0]的控制信号,da 端输入 0～F 代码经译码电路 DELED 后成为 8 段数码管的字形信号。扫描电路通过可调时钟输出片选地址 SEL[2..0],由 SEL[2..0]和 a…g 决定了 8 位中的哪一位显示和显示什么字形。SEL[2..0]变化得快慢决定了扫描频率的快慢。实验参考电路如图 4-47 所示。

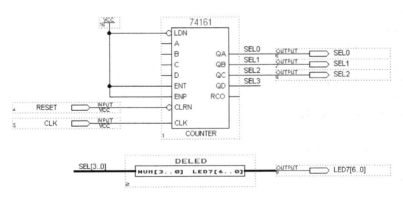

图 4-47　实验参考电路

**3. 实验连线**

输入信号：清零信号 RESET 所对应的管脚同按键开关相连。

时钟 CLK 所对应的管脚同实验箱上的时钟源相连；时钟频率 CLK 选取小于 2Hz。

输出信号：代表扫描片选地址信号 SEL2、SEL1、LEL0 的管脚同 4 位扫描驱动地址的低 3 位相连，最高位地址接"0"（也可以悬空）。

代表 7 段字码驱动信号 A、B、C、D、E、F、G 的管脚分别同扫描数码管的段输入 a、b、c、d、e、f、g 相连。

**4. 实验参考程序**

显示译码器的 VHDL 程序可参考例 4.13。

**5. 实验思考题**

（1）若数码管为共阳器件，显示译码器的 VHDL 程序如何编写？

（2）字符显示亮度同扫描频率的关系，且让人眼感觉不出闪烁现象的最低扫描频率是多少？

## 4.4.2 数字钟的设计

**1. 设计要求**

（1）具有时、分、秒计数显示功能，以 24h 或 12h 循环计数。

（2）具有校时、校分及清零功能。

（3）具有整点报时功能。整点报时时 LED 灯花样显示。

（4）具有上/下课自动打铃功能。

（5）具有闹时功能。

**2. 设计方法**

采用自下而上的设计方法，用文本输入法，用 VHDL 语言编制各模块程序，顶层文件采用图形输入法编制。完成编辑、编译、下载、验证全过程。

如图 4-48 所示，数字钟分成的以下模块：时计数模块（HOUR）、分计数模块（MINITE）、秒计数模块（SECOND）、显示译码模块（DELED）、动态扫描模块（DSPYTIME）、整点报时模块（ALERT）。

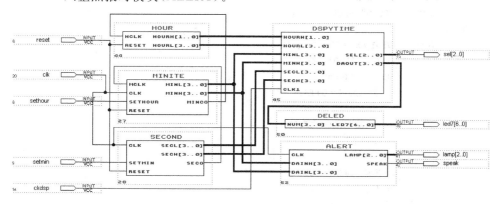

图 4-48 数字钟总体设计框图

### 3. 实验连线

1) 输入接口

(1) 代表清零、调时、调分信号 RESET、SETHOUR、SETMIN 的管脚分别连接按键开关。

(2) 代表计数时钟信号 CLK 和扫描时钟信号 CKDSP 的管脚分别同 1Hz 时钟源和 32Hz(或更高)时钟源相连。

2) 输出接口

(1) 代表扫描显示的驱动信号管脚 SEL2、SEL1、SEL0 和 A…G 参照图 4-47 的连法。

(2) 代表扬声器驱动信号的管脚 SPEAK 同扬声器驱动接口 SPEAKER 相连。

(3) 代表花样 LED 灯显示的信号管脚 LAMP0…LAMP2 同 3 个 LED 灯相连。

### 4. 部分参考程序

1) 秒计数器

```
LIBRARY IEEE;
USE IEEE.STD_LOGIC_1164.ALL;
USE IEEE.STD_LOGIC_UNSIGNED.ALL;
ENTITY SECOND IS
PORT                                    --实体定义
(
    CLK:IN STD_LOGIC;
    RESET:IN STD_LOGIC;
    SECL,SECH: BUFFER STD_LOGIC_VECTOR(3 DOWNTO 0);
    SECO :BUFFER STD_LOGIC
);
END ;
ARCHITECTURE ONE OF SECOND IS           --60进制秒计数器
    SIGNAL SS:STD_LOGIC;
    BEGIN
     PROCESS(CLK,RESET)
       BEGIN
     IF (RESET = '0')THEN
          SECH <= "0000";SECL <= "0000";
     ELSE
         IF(CLK'EVENT AND CLK = '1') THEN
             IF(SECL = "1001")THEN
               SECL <= "0000";
                   IF(SECH = 5)THEN
                    SECH <= "0000";
                   ELSE SECH <= SECH + 1;
                   END IF;
             ELSE
               SECL <= SECL + 1;
             END IF;
         END IF;
     END IF;
```

```
        END PROCESS;
    PROCESS(SECL,SECH)                      -- 产生进位信号
        BEGIN
        IF ((SECH = 5)AND(SECL = 9))THEN
          SS <= '0';
          ELSE SS <= '1';
      END IF;
      SECO <= SS;
  END PROCESS;
END ONE;
```

2）校时电路设计

校时电路控制逻辑如图 4-49 所示。可用 VHDL 语言实现。

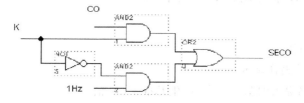

图 4-49　校时电路控制逻辑

3）动态显示的 VHDL 语言程序

```
LIBRARY IEEE;
  USE IEEE.STD_LOGIC_1164.ALL;
  ENTITY DSPYTIME IS
  PORT( HOURH, HOURL,MINL,MINH,SECL,SECH:IN STD_LOGIC_VECTOR(3 DOWNTO 0);
      CLK1:IN STD_LOGIC;
      SEL : BUFFER INTEGER RANGE 0 TO 5;
      DAOUT: OUT STD_LOGIC_VECTOR(3 DOWNTO 0) );
  END;
ARCHITECTURE ONE OF DSPYTIME IS
BEGIN
PROCESS(CLK1)
  BEGIN
    IF(CLK1'EVENT AND CLK1 = '1') THEN
        IF(SEL = 5)THEN
          SEL <= 0;
        ELSE SEL <= SEL + 1;
        END IF;
      ELSE
      END IF;
    CASE SEL IS
  WHEN 0  =>
    DAOUT <=  SECL;
  WHEN 1 =>
    DAOUT <=  SECH;
```

```
  WHEN 2 = >
    DAOUT < = MINL;
  WHEN 3 = >
    DAOUT < = MINH;
  WHEN 4 = >
    DAOUT < = HOURL;
  WHEN 5 = >
    DAOUT < = HOURH;
    END CASE;
END PROCESS;
END;
```

### 4.4.3  数字频率计的设计与分析

**1. 设计要求**

（1）频率测量范围为 $100 \sim 9999\,\mathrm{Hz}$。

（2）5 位 LED 数码管显示。

（3）根据实验箱提供的基准频率，产生基准 CLK 信号。

（4）根据实验箱的硬件接口设计相应电路。

**2. 设计原理**

频率计的直接周期测量法原理：用被测信号经放大整形后形成的方波信号直接控制计数门控电路，使主门开放时间等于信号周期 $T_x$，时标为 $T_s$ 的脉冲在主门开放时间进入计数器。设在 $T_x$ 期间计数值为 $N$，可以根据以下公式来算得被测信号周期，即

$$T_x = NT_s$$

经误差分析可得出结论：用该测量法测量时，被测信号的频率越高，测量误差越大。直接测频法主体电路如图 4-50 所示。

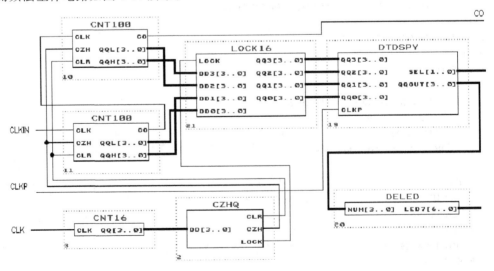

图 4-50　直接测频法主体电路

**3. 实验连线**

CLKIN 为被测信号,可从实验箱中取,也可从信号发生器输出,但要注意的是频率范围为 $100\sim9999\,\text{Hz}$。

CLK 为基准信号 $16\,\text{Hz}$,从实验箱中取。

CLKP 为扫动态描信号,从实验箱中取。

**4. 部分参考程序**

(1) 100 进制计数器设计如例 4.12。

(2) 16 位锁存器设计。

```
library ieee;
use ieee.std_logic_1164.all;
use ieee.std_logic_unsigned.all;
entity lock16 is
port(
    lock:in std_logic;
    dd3,dd2,dd1,dd0: in std_logic_vector(3 downto 0);
    qq3,qq2,qq1,qq0: out std_logic_vector(3 downto 0)
    );
end ;
architecture one of lock16 is
begin
 process(lock,dd3,dd2,dd1,dd0)
   begin
     if(lock'event AND lock = '1') then
         qq3 <= dd3;
         qq2 <= dd2;
         qq1 <= dd1;
         qq0 <= dd0;
     end if;
end process;
end one;
```

16 位锁存器仿真波形如图 4-51 所示。

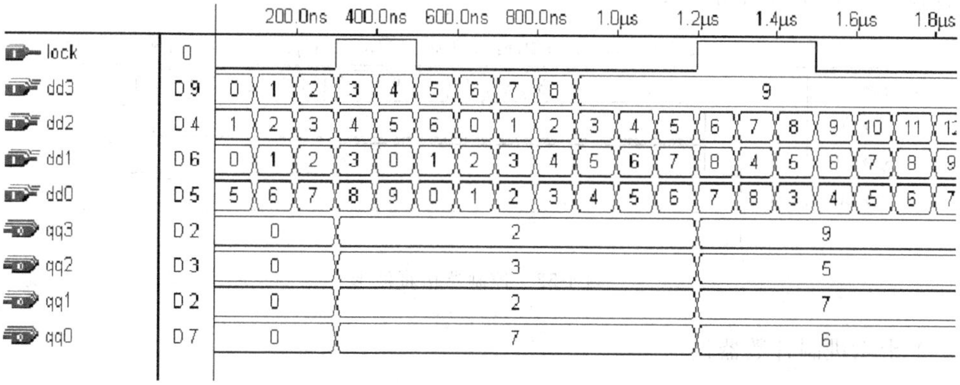

图 4-51 16 位锁存器仿真波形

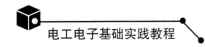

（3）控制器设计。控制器主要产生清零信号 CLK、计数门控信号 CZH 以及数据锁存信号 LOCK，它们之间的时序关系如下。

清零信号 CLK 使计数器清零，在门控信号 CZH 高电平期间对计数器计数，门控信号变低后输出数据锁存信号 LOCK。

```
library ieee;
use ieee.std_logic_1164.all;
use ieee.std_logic_unsigned.all;
entity czhq is
  port(
      dd:in std_logic_vector(3 downto 0);
      clr,czh,lock:out std_logic
       );
end ;
architecture one of czhq is
begin
 process(dd)
   begin
 if (dd = "0000")then
      clr <= '1';
      else clr <= '0';
  end if;
 if (dd = "1111") then
      lock <= '1';
      else lock <= '0';
  end if;
 if ((dd > 0 and dd < 11)) then
      czh <= '1';
      else czh <= '0';
  end if;
  end process;
  end one;
```

控制器仿真波形如图 4-52 所示。

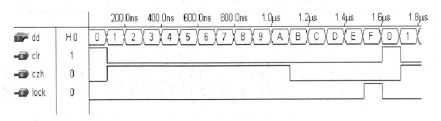

图 4-52　控制器仿真波形

（4）十六进制计数器设计。

```
library ieee;
use ieee.std_logic_1164.all;
```

```
use ieee.std_logic_unsigned.all;
entity cnt16 is
port(
     clk:in std_logic;
      qq: buffer std_logic_vector(3 downto 0)
      );
end ;
architecture one of cnt16 is
begin
 process(clk)
   begin
       if(clk'event AND clk = '1') then
       qq <= qq + 1;
       end if;
       end process;
    end one;
```

直接测频法仿真波形如图 4-53 所示。

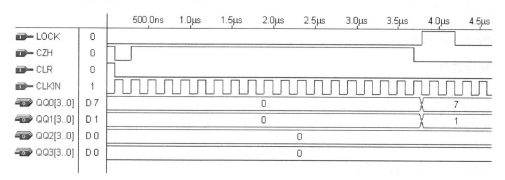

图 4-53　直接测频法仿真波形

# 4.5　EDA-Ⅵ实验箱简介

在 EDA-Ⅵ实验箱底板上,采用了 CPLD 资源整合及与 CPU 板主控制器之间采用总线 互连,其中地址总线和数据总线可以通过 4 位从 CPU 板到 EDA-Ⅵ底板的功能选择位,实 现多路复用,来决定是用作总线方式还是 IO 方式。

**1. EDA 基本实验用到的管脚资源**

约定:如不作特别声明,以下管脚均为 E-PLAY-SOPC CPU 板上 FPGA 芯片 EP1C12 的对应管脚。

地址线:

```
BUS_A[0]PIN_128      --8 位数据时用,16 位数据时 BUS_A[0]没用到
BUS_A[1]PIN_115
BUS_A[2]PIN_114
```

BUS_A[3]PIN_113
BUS_A[4]PIN_108

数据线：

BUS_D[0]PIN_105
BUS_D[1]PIN_104
BUS_D[2]PIN_101
BUS_D[3]PIN_100
BUS_D[4]PIN_85
BUS_D[5]PIN_84
BUS_D[6]PIN_83
BUS_D[7]PIN_82
BUS_D[8]PIN_86
BUS_D[9]PIN_87
BUS_D[10]PIN_88
BUS_D[11]PIN_93
BUS_D[12]PIN_94
BUS_D[13]PIN_95
BUS_D[14]PIN_98
BUS_D[15]PIN_99

功能选择：

VGA[0]PIN_162
VGA[1]PIN_161
VGA[2]PIN_164
VGA[3]PIN_163

EP1C12 板上 4 位按键：

PB[0]PIN_127
PB[1]PIN_126
PB[2]PIN_125
PB[3]PIN_124

EP1C12 板上复位按键：

RESET        PIN_131

EP1C12 板上 4 位 LED：

LED[0]PIN_165
LED[1]PIN_166
LED[2]PIN_167
LED[3]PIN_168

EP1C12 板上 4 位拨码：

SW[0]PIN_4
SW[1]PIN_5

SW[2]PIN_6
SW[3]PIN_7

EP1C12 板上 50MHz 晶振输入：

OSC          PIN_153

EDA-VI 底板上 IO9～IO16 在 EP1C12 上对应的引脚，用于 8 位 LED 显示，将 L1～L8 分别连接到 IO9～IO16。

| data[0] | PIN_132 | IO9 |
| data[1] | PIN_133 | IO10 |
| data[2] | PIN_134 | IO11 |
| data[3] | PIN_135 | IO12 |
| data[4] | PIN_136 | IO13 |
| data[5] | PIN_137 | IO14 |
| data[6] | PIN_138 | IO15 |
| data[7] | PIN_139 | IO16 |

| PLL1_OUTn | PIN_39 | IO1 | |
| PLL1_OUTp | PIN_38 | IO2 | |
| CLK1p | PIN_28 | IO3 | |
| CLK1n | PIN_29 | IO4 | |
| LED0 | PIN_165 | IO5 | （对应 CPU 板上的 L0～L3） |
| LED1 | PIN_166 | IO6 | |
| LED2 | PIN_167 | IO7 | |
| LED3 | PIN_168 | IO8 | |

EDA-VI 底板上 IO_CLK 为 4 位拨码开关 SW17～SW20 来控制输出 40MHz 分频后的可调时钟，具体对应如下。

| SW20 | SW19 | SW18 | SW17 | IO_CLK |
|------|------|------|------|--------|
| 1 | 1 | 1 | 1 | 1Hz |
| 0 | 1 | 1 | 1 | 5Hz |
| 1 | 0 | 1 | 1 | 10Hz |
| 0 | 0 | 1 | 1 | 25Hz |
| 1 | 1 | 0 | 1 | 50Hz |
| 0 | 1 | 0 | 1 | 500Hz |
| 1 | 0 | 0 | 1 | 1kHz |
| 0 | 0 | 0 | 1 | 2.5kHz |
| 1 | 1 | 1 | 0 | 10kHz |
| 0 | 1 | 1 | 0 | 20kHz |
| 1 | 0 | 1 | 0 | 50kHz |
| 0 | 0 | 1 | 0 | 200kHz |
| 1 | 1 | 0 | 0 | 500kHz |
| 0 | 1 | 0 | 0 | 2MHz |
| 1 | 0 | 0 | 0 | 5MHz |
| 0 | 0 | 0 | 0 | 20MHz |

P1～P3 未定义:

P4    10MHz 固定时钟(40MHz 分频产生)
P5    1MHz
P6    100kHz
P7    5kHz
P8    100Hz

### 2. 4 位功能管脚说明

PORT B、EP1C12、left、right 对应标识:

| RORT B | EP1C12 | left | right | |
|---|---|---|---|---|
| 41 —> | 162 —> | 77 —> | 49 —> | VGA[0] |
| 42 —> | 161 —> | 78 —> | 50 —> | VGA[1] |
| 43 —> | 164 —> | 79 —> | 51 —> | VGA[2] |
| 44 —> | 163 —> | 80 —> | 52 —> | VGA[3] |

left 表示 EDA-VI 主板左边的 CPLD EPM1270；right 表示 EDA_VI 主板右边的 CPLD EPM1270。

VGA[3..0] 0001    16 位拨码开关接到 16 位数据总线上。

0010    左端 8 个数码管,低 8 位为 7 位段总加小数点选取位,高 8 位为 8 个数码管 com 端选取,即如果要选取数码管 0,则发送总线值 1111 1110 1111 1111,如要选取数码管 1,则发送总线值 1111 1101 1111 1111。此时所选数码管 7 段和 DP 位将全部亮。

0101    4×4 键盘功能选取,此时只有最低的 8 位有效,高 4 位为键盘的 4 位行扫描输出,低 4 位为键盘的 4 位列查询输入。

0110    16×16 LED 点阵显示功能选取,16 位数据总线作为点阵的行值,4 位地址对应列值编码(底板上已经过译码),4 位地址分别对应 E-Play-SOPC 主适配器上外扩总线地址的 ADDRESS[4..1]。

除以上 4 种状态外的其他状态,均为总线方式操作。

在做基本的 CPLD 实验时,如果用到 EDA-VI 底板的资源,则一定要设置 VGA[3..0]4 位功能位,并且设置值一定要与上述功能对应,如不对应有可能对硬件造成损伤。

当实验用到的拨码、按键、LED 小于 5 位时,可以使用 E-Play-SOPC 适配器上的资源,当实验中的资料仅使用到 E-Play-SOPC 适配器就可以完成时,可以不设置 VGA[3..0]。

约定:在实验接线方式中,如果 a 为 n 位宽的数据的线,那么写为 $a_0 \sim a_{(n-1)}$ 与直接写为 a 等效;如果要表示 $a_0$ 到 $a(n-3)$ 共 $n-2$ 位宽的数据线,则必须写为 $a_0 \sim a_{(n-3)}$ 的方式。

## 4.6  USB 下载线驱动安装

(1) 将 USB 电缆一端接到仿真器,另一端插入计算机 USB 接口,在桌面任务栏将提示检测到 Altera USB-Blaster。接着会弹出图 4-54 所示的提示。

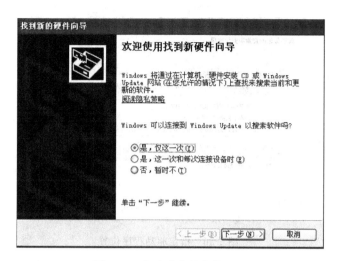

图 4-54　自动弹出的安装界面

（2）选中"是，仅这一次"单选钮，单击"下一步"按钮继续，如图 4-55 所示。

（3）选择"从列表或指定位置安装（高级）"单选钮，单击"下一步"按钮继续。

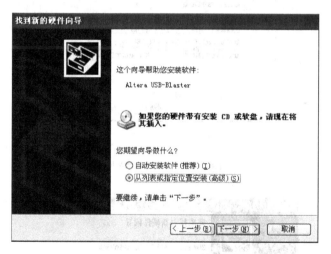

图 4-55　指定位置安装

（4）选中"在搜索中包括这个位置"复选框，单击"浏览"按钮找到驱动程序的位置。驱动程序就位于 Quartus Ⅱ 安装目录的 Drivers/usb-blaster 子目录下。图 4-56 中的 Quartus Ⅱ 安装在 D:\altera\quartus50 目录下。

（5）单击"仍然继续"按钮，如图 4-57 所示。

（6）单击"完成"按钮，结束驱动安装，如图 4-58 所示。进入设备管理器，在通用串行总线控制器列表中，会看到 Altera USB-Blaster 选项，如图 4-59 所示。

（7）在 Quartus Ⅱ Hardware Setup 中将能看到 USB-Blaster，端口是 USB-0，如图 4-60 所示。

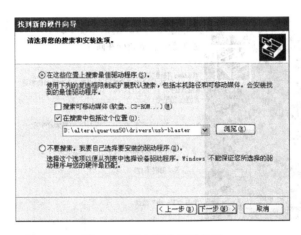

图 4-56　指定驱动程序位置

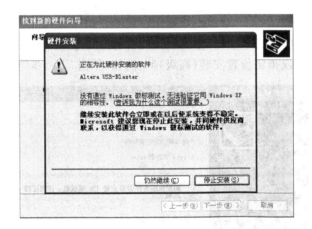

图 4-57　安装驱动程序

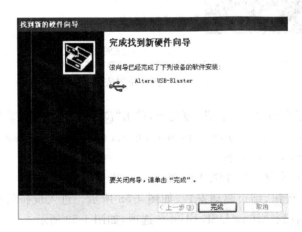

图 4-58　安装完成

图 4-59 观察设备管理器

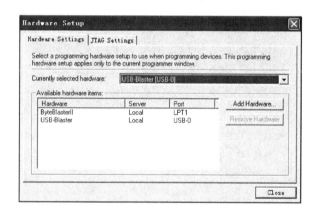

图 4-60 Quartus Ⅱ 中设置 USB

## 4.7 本章小结

本章主要介绍利用 EDA 技术来设计实现数字系统的过程和方法,即使用硬件描述语言(以 VHDL 为例)设计数字电路,并利用开发系统(以 Altera 公司的 Quartus Ⅱ 为例)下载程序,最终在可编程逻辑器件上实现数字电路。

本章首先介绍了 Quartus Ⅱ 6.0 的操作步骤。选择 Quartus Ⅱ 6.0 的版本,而不是更高级的版本,主要是因为 Quartus Ⅱ 6.0 自带简单的波形仿真,比较适合一周到两周的课程设计或大型实验。需要注意的是,电路的仿真不是设计到下载的必需步骤,但却是工程设计的重要环节,不可忽视。接下来,介绍了 VHDL 语言的基本语法。当然,无论 Quartus Ⅱ 还是 VHDL,内容都相当丰富,这里都只介绍了基本部分。但是用 VHDL 的基本语法完全可

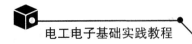

以描述数字电路的大部分单元电路和相对复杂一点的系统,如数字钟等。在 4.3 节里,完整地罗列了若干单元电路和复杂系统的实例;而在 4.4 节,设置了若干课题可供课程设计选用,给出了部分参考程序。最后提供了 Quartus Ⅱ 下载用的管脚资源介绍和 USB 驱动程序的安装步骤。

　　本章的内容已能满足一周到两周的数电课程设计。若读者对 EDA 设计有深入的兴趣,可参看叙述更为详尽的专业书籍。

# 第 5 章　高频电子线路课程设计

**本章学习目标**

- 掌握通信电子电路的一般设计方法，了解电子产品研制开发过程。
- 结合高频电子线路课程内容，培养学生综合运用理论知识解决实际问题的能力。
- 掌握最基本的调频接收机电路及发射电路的设计及其原理。

## 5.1　设计任务与要求

设计一个具有对讲功能的无线调频收音机。收音机的参数：调频波段 88～108MHz；工作电源电压范围 2.5～5V；静态电流 13.5mA；信噪比大于 80dB；谐波失真小于 0.8%；输出功率不小于 350mA。发射机工作电流为 18mA，对讲距离为 50～100m。

## 5.2　FM 收音机工作原理

具有对讲功能的调频收音机，既要具有发射功能也要具备接收功能，结合通信电路原理框图如图 5-1 所示。

系统由两大部分组成。发射电路包括话筒音频放大、调制、缓冲放大、选频、发射功放等部分。接收电路包括高放、混频、中放、鉴频、低放等部分。

发射时，话音经过话筒，将声音信号转换为电信号，然后经过音频放大器将其放大，再用其进行调频，使载波信号的频率按调制信号规律变化。之后已调信号经过缓冲放大器，进入选频电路，选出所需要的谐波信号。最后经过高频放大器进行信号放大后由天线发射出去。

接收时，由天线接收所需信号，先经过高频放大，再进行混频，产生中频信号，中频信号经过中频放大器后，送入鉴频器进行解调，解调出音频信号。音频信号经过音频功率放大器

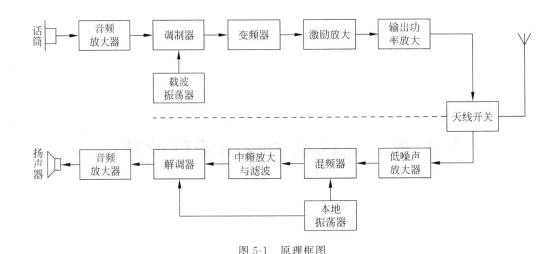

图 5-1　原理框图

放大后,获得所需的推动功率推动扬声器发出声响。

## 5.3　FM 收音机各模块分析

### 5.3.1　电路图

具有对讲功能收音机的电路如图 5-2 所示。

### 5.3.2　收音机(或接收)部分原理

接收机原理如图 5-3 所示。

而在电路中这部分功能主要是由芯片 UTC1800(或 D1800)作为收音接收专用集成电路,功放部分选用 D2822。如图 5-1 所示,在接收部分,调频信号由天线接收,经 $C_9$ 耦合到芯片内的混频电路,IC1 第一脚内部为本机振荡电路,1 脚为本振信号输入端,$L_4$、$C$、$C_{10}$、$C_{11}$ 等元件构成本振的调谐电路。在 IC1 内部混频后的信号经低通滤波器后得到中频信号,中频信号由 IC1 的 7、8、9 脚内电路进行中频放大、检波,7、8、9 脚外接的电容为高频滤波电容,此时,中频信号频率仍是变化的,经过鉴频后变成变化的电压。10 脚外接电容为鉴频电路的滤波电容。这个变化的电压就是音频信号,经过静噪的音频信号从 14 脚输出耦合至 12 脚内的功放电路,第一次功率放大后音频信号从 11 脚输出,经过 $R_{10}$、$C_{25}$、$R_P$,耦合至 IC2 进行第二次功率放大,推动扬声器的发声。

**1. D1800 芯片功能介绍**

D1800 为单片 FM/AM 收音机电路,FM 部分包含混频、本振中放、鉴频、静噪、低通滤波器等;AM 部分包括高放检波,此外还有音频驱动级和功放电路,用一块 D1800 电路和少数外围元件,可制作完整的收音机。该电路工作电源电压范围为 2.5~5V。D1800 各引脚功能如图 5-4 所示。

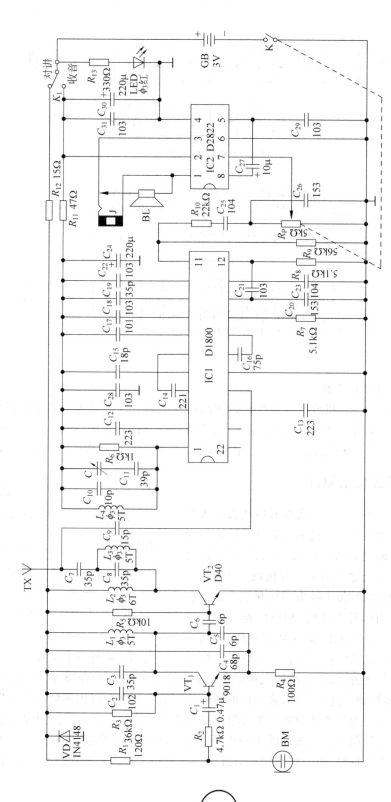

图5-2 对讲收音机的电路

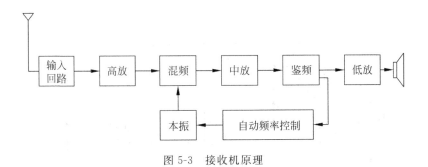

图 5-3 接收机原理

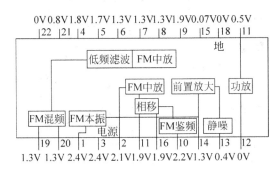

图 5-4 D1800 各引脚功能

**2. D2822 芯片功能介绍**

D2822 用于携式录音机或者收音机作音频功率放大器。主要特点：电压降到 1.8V 时依旧能正常工作；交越失真小；静态电流小,可作桥式或立体式功放应用；外围元件少；通道分离度高；开机和关机无冲击噪声；软限幅等特点。D2822 各引脚功能如图 5-5 所示。

### 5.3.3 对讲发射原理

对讲机如图 5-2 所示。变化着的声波被驻极体转化为变化着的电信号,经过 $R_1$、$R_2$、$C_1$ 阻抗均衡后,由 $VT_1$ 进行调制放大。$C_2$、$C_3$、$C_4$、$C_5$、$L_1$ 以及 $VT_1$ 集电极与发射极之间的结电容构成一个 LC 振荡电路,在调频电路中,很小的电容变化也会引起很大的频率变化。当信号变化时,相应的结电容也会有变化,这样频率就会变化,就达到调频的目的,经

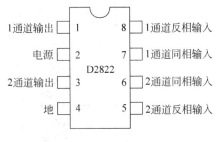

图 5-5 D1800 各引脚功能

过 $VT_1$ 调制放大的信号经 $C_6$ 耦合至发射管 $VT_2$ 通过天线、$C_7$ 向外发射调频信号。接收部分为二次变频超外差方式,从天线输入的信号经过收发转换电路和带通滤波器后进行射频放大,在经过带通滤波器进入混频,将来自射频的放大信号与来自锁相环频率合成器电路的第一本振信号在第一混频器处混频并生成第一中频信号。第一中频信号通过晶体滤波器进一步消除邻道的杂波信号。滤波后的第一中频信号进入中频处理芯片,与第二本振信号再次混频生成第二中频信号,第二中频信号通过一个陶瓷滤波器滤除无用杂散信号后,被放大

和鉴频,产生音频信号。音频信号通过放大、带通滤波器、去加重等电路,进入音量控制电路和功率放大器放大,驱动扬声器,得到人们所需的信息。

## 5.4 FM收音机安装前器件检测

根据表5-1所列元器件清单,核对元器件数量。接下来对器件进行检测。

表 5-1 元器件清单

| 元件 | 型号 | 数量 | 位号 | 元件 | 型号 | 数量 | 位号 |
|---|---|---|---|---|---|---|---|
| 集成电路 | CD0429 | 1 | IC1 | 电阻 | 10K | 1 | $R_1$ |
| 集成电路 | CD2822 | 1 | IC2 | 电阻 | 200K | 1 | $R_8$ |
| 三极管 | 9018 | 1 | BG1 | 瓷片电容 | 30P | 1 | $C_1$ |
| 波段开关 | 2T3P | 1 | K1 | 瓷片电容 | 101 | 1 | $C_{22}$ |
| 耳机插座 | ST-3.5mm | 1 | CK1 | 瓷片电容 | 103 | 1 | $C_{19}$ |
| 电池极片 | AA正负 | 1套 | | 瓷片电容 | 104 | 7 | $C_6$、$C_{11}$、$C_{13}$、$C_{17}$、$C_{20}$、$C_{21}$ |
| 电位器 | F-12N 10K | 1 | RV1 | 瓷片电容 | 152 | 1 | $C_9$ |
| 喇叭 | $\phi40\sim16\Omega$-$32\Omega$ | 2 | | 瓷片电容 | 221 | 1 | $C_2$ |
| 双联可变 | CBM222 | 1 | CA | 瓷片电容 | 222 | 2 | $C_3$、$C_{16}$ |
| 钢片顶带 | | 2 | | 瓷片电容 | 223 | 1 | $C_4$ |
| 顶带套管 | | 2 | | 瓷片电容 | 472 | 1 | $C_7$ |
| 四芯过线 | 550mm | 1 | | 瓷片电容 | 473 | 2 | $C_{10}$、$C_{12}$ |
| 尼龙托带 | 2×95 | 2 | | 瓷片电容 | 821 | 1 | $C_8$ |
| 钢丝架 | | 2 | | 电解电容 | 470μF | 1 | $C_5$ |
| 电池仓盒 | 外壳 | 1 | | 电解电容 | 100μF | 1 | $C_{15}$ |
| 电池仓盒 | 喇叭壳 | 1 | | 电解电容 | 10μF | 1 | $C_{18}$ |
| 电池盒盖 | | 1 | 银白色 | 单芯连接线 | 1×90mm | 2 | |
| 小耳套架 | | 2 | | 弹簧天线 | 5×225 | 1 | |
| 线路板盒 | 外壳 | 1 | | 跳线 | 1×30mm | 2 | 用在双联附近1kΩ电阻位置 |
| 线路板盒 | 喇叭壳 | 1 | | 螺钉 | 镍 PM2×12 | 2 | |
| 线路板盖 | 无数显窗 | 1 | 银白色 | 螺母 | 镍 M2 | 1 | |
| 海绵耳套 | | 2 | | 自攻螺钉 | PA2×5 | 4 | |
| 透视猫眼 | | 1 | | 自攻螺钉 | 黑 PM2.6×6 | 6 | |
| 双联拨盘 | 有机透明 | 1 | 不干胶字符△ | | KA2×6 | 4 | |
| 调谐拨盘 | | 1 | | 自攻螺钉 | 黑 PM2.8×8 | 4 | |
| 电位器拨盘 | | 1 | | 螺钉 | PM1.7×4 | 1 | |
| 线圈 | 6T | 1 | $L_1$ | | PM 1.7×3 | 1 | |
| 线圈 | 8T | 1 | $L_2$ | 上夹片 | | 2 | |
| 线圈 | 12T | 1 | $L_3$ | 下夹片 | | 2 | |
| 电阻 | 4.7Ω | 2 | $R_3$、$R_4$ | 电路板 | | 1 | 主板 |
| 电阻 | 100Ω | 2 | $R_5$ | 发光管 | $\varphi5$ | 1 | |
| 电阻 | 150Ω | 1 | $R_7$ | 波段转接头 | | 1 | |
| 电阻 | 1.5kΩ | 1 | $R_6$ | 波段拨钮 | | 1 | |

（1）电阻的识别与测量。利用色标法或测量法对电阻进行测量,其中电位器的测量检查时要测试一下开关的通断情况及旋转时阻值的变化情况。

（2）电容器辨识。瓷片电容:无极性,读数方法:第 1、2 位为有效读数,第 3 位为倍数（即 $10n$）,万用表测试好坏;涤纶电容:无极性,读数方法同上,万用表测试好坏;电解电容:有正、负极性不能接错,长脚为正,短脚为负,电容上标有容量值,可用万用表测试好坏;双联可变电容器:天线连、振荡连同轴相连,并且在天线连、振荡连上分别并有微调电容。

（3）线圈与变压器。天线线圈 B1:圈数多的为初级,圈数少的为次级;振荡线圈:B2（黑色磁芯）不搞清原理不要随便旋动;中频变压器 B3（白色）和 B4（绿色）均包含谐振电容,出厂时已经校正到 465kHz,不要随便旋动;输入变压器 B5,蓝色。输出变压器 B6,黄色,不能搞错。检查时可测量线圈通断情况和线圈电阻,输入变压器线圈电阻大,输出变压器线圈电阻小。

（4）晶体管。二极管:BG5（1N4148）用万用表测其正、反向电阻来判别好坏;三极管:先判别管脚的排列,找出 E、B、C,再测 $\beta$,看其是否有放大作用。

（5）扬声器与耳机。用万用表电阻挡碰触两接线端应通,并发出轻微声音,就算好的。

## 5.5 安装调试

### 5.5.1 元件的安装

安装顺序一般先装低矮、耐热的元件,最后装集成电路。应按以下步骤进行焊接。

（1）清查元器件的质量,并及时更换不合格的元件。

（2）确定元件的安装方式,由孔距决定,并对照电路图核对电路板。

（3）将元器件弯曲成形,本电路所有的电阻（除 $R_{12}$ 外）均采用立式插装,尽量将字符置于易观察的位置,字符应从左到右、从上到下,以便于以后检查,将元件脚上锡,以便于焊接。

（4）插装。应对照电路图对号插装,有极性的元件要注意极性,如集成电路的脚位等。

（5）焊接。各焊点加热时间及用锡量要适当,防止虚焊、错焊、短路。其中耳机插座、三极管等焊接时要快,以免烫坏。

（6）焊后剪去多余引脚,检查所有焊点,并对照电路图仔细检查,确认无误后方可通电。

可以参照以下步骤。

（1）将电烙铁检查一下,烙铁头处理干净,必要时用锉刀锉一下,并上锡。

（2）先装双联可变电容和磁棒的塑料支架（先不装磁棒和线圈）。

（3）装带开关的电位器,注意所有焊点焊锡不能太多,焊点不能太高。

（4）装振荡线圈 B2 和中频变压器 B3、B4。注意位置不要装错。

（5）装输入变压器 B5 和输出变压器 B6。注意位置不要装错。

（6）装三极管 BG1（3DG201 带绿点）,再装 BG2、BG3（均为 3DG201）。注意 E、B、C 管脚不要装错。再装二极管 BG5（1N4148）。注意正、负极性不要装错。

（7）装电阻 $R_1$～$R_8$,注意根据色标阻值不要装错,高度不超过中周。焊点焊锡不能太多,焊点不能太高。

(8) 装电容 $C_1 \sim C_{11}$。注意容量不要装错,高度不超过中周。焊点焊锡不能太多,焊点不能太高。

(9) 装上磁棒和线圈。注意线头不要焊错。

(10) 装电池插片。注意先装上弹簧,焊上导线再插进去。

(11) 装耳机插孔。注意先焊上导线再装到机壳上去,放上平垫片后拧上螺帽。

(12) 根据接线图接线。

安装时要注意发光二极管应焊在印制板反面,对比好高度和孔位再焊接;由于本电路工作频率较高,安装时请尽量紧贴线路板,以免高频衰减而造成对讲距离缩短;焊接前应先将双联用螺钉上好,并剪去双联拨盘圆周内多余高出的引脚再焊接;J1 可以用剪下的多余元件脚代替,J2 的引线用黄色导线连接,TX 的引线用略粗黄色导线连接;插装集成电路时一定要注意方向,保证集成电路的缺口与电路板上 IC 符号的缺口一一对应;耳机插座上的脚要插好,否则后盖可能会盖不紧;按钮开关 K1 外壳上端的脚要焊接起来,以保证外壳与电源负极连通;电路板上的 VD 是多余的,可不焊接。

## 5.5.2　调试

元器件以及连接导线全部焊接完后,经过认真仔细检查后即可通电调试。注意最好不要用充电电池,因为电压太低使发射距离缩短。

(1) 收音(或接收)部分的调整。首先用万用表 100mA 电流挡(其他挡也行,只要不小于 50mA 即可)的正、负表笔分别跨接在地和 K 之间,这时的读数应在 $10 \sim 15$mA 内,这时打开电源开关 K,并将音量开至最大,细调双联,这时应收得到广播电台,若还收不到应检查有没有元件装错,印制电路板有没有短路或开路,有没有焊接质量不高,而导致短路或开路等,还可以试换一下 IC1,本机只要装配无误可实现一装响。排除故障后找一台标准的调频收音机,分别在低端和高端收一个电台,并调整被调收音机 $L_4$ 的松紧度,使被调收音机也能收到这两个电台,那么这台被调收音机的频率覆盖就调好了。如果在低端收不到这个电台,说明应增加 $L_4$ 的匝数,在高端收不到这个电台,说明应减少 $L_4$ 的匝数,直至这两个电台都能收到为止。调整时注意请用无感起子或牙签、牙刷柄(处理后)拨动 $L_4$ 的松紧度。当 $L_4$ 拨松时,这时的频率就增高,反之则降低。注意调整前请将频率指示标牌贴好,使整个圆弧数值都能在前盖的小孔内看得见(旋转调台拨盘)。

(2) 发射(或对讲)部分的调整。首先将一台标准的调频收音机的频率指示调在 100MHz 左右,然后将被调的发射部分的开关 $K_1$ 按下,并调节 $L_1$ 的松紧度,使标准收音机有啸叫,若没有啸叫则可将距离拉开 $0.2 \sim 0.5$m,直到有啸叫声为止,然后再拉开距离对着驻极体讲话,若有失真,则可调整标准收音机的调台旋钮,直到消除失真,还可以调整 $L_2$ 和 $L_3$ 的松紧度,使距离拉得更开、信号更稳定。若要实现对讲,请再装一台本套件并按同样的方法进行调整,对讲频率可以自己定,如 88MHz、98MHz、108MHz 等,这样可以实现互相保密也不致相互干扰。这样一台自己亲自动手制作的对讲机就实现了,通过本次的实践,使自己的动手能力和理论水平大大提高,它将是一个比较有乐趣的事情。

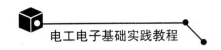

根据不同的故障现象,下面介绍几种故障检修方法。

**1. 完全无声现象**

首先观察电源线是否断脱,电池是否装反,电源极板接触是否良好,外接耳机插孔的接触点是否良好,电源到印制板上的焊点是否焊好。若整机电流有几百 mA,可判定故障点在 $R_6$ 以后,有可能是输出变压器初级线圈短路,功放管 c、e 间击穿,功放管管脚位置放错或功放管反馈电容击穿。若整机电流为几十 mA,故障点可能是滤波电容 $C_7$ 击穿,低放管 BG4 击穿或管脚位置放错,输入变压器初级短路,或高频部分有短路。整机电流在 10mA 左右,说明直流电路基本正常,故障可能是由喇叭音圈断路,输出变压器次级断路等引起。

以上故障点还可以通过人为加入信号的检修方法,即干扰法来逐级检查。

**2. 只有"沙沙"声收不到电台**

这种情况说明低放部分工作基本正常,故障一般在低频耦合电容 $C_8$ 之前,可采用干扰法来确定故障点。先把音量电位器旋到最大音量位置,用手捏小螺丝刀金属部分,轻触电位器动臂(中间脚),若扬声器没有"咯咯"声,故障可能是耦合电容 $C_8$ 断路或 $C_5$ 击穿;若发出较响亮的"咯咯"声,说明低放部分正常,故障在高频部分,从后级往前逐级检查,看能否发出"咯咯"声,哪级无声,问题就在哪级。如一直查到变频级都正常,问题可能就在天线线圈上,检查线圈的 4 个端子是否焊错位置、端子外面的绝缘漆是否刮净、焊接是否良好。

**3. 声音失真**

这种故障一般发生在功放级,如 BG6、BG7 其中一只损坏,输出变压器初级或输入变压器次级有一组断路或短路(造成信号只有半周放大、输出)。

**4. 收台少(灵敏度低)**

有的收音机只能收到本地强台,而远地台、弱台收不到或声音很小。检修这种故障应先检查电源电压,若电源电压低,可更换新电池试听。如收音机恢复正常,说明电路无故障。如电源电压正常,可采用调试法,看看是否可将收音机灵敏度提高。

**5. 声音微弱**

收音机灵敏度正常但音量小(包括接收本地强台)。这种故障一般在检波级之后的电路。这时可采用干扰法查找故障。例如,检查喇叭发出的"咯咯"声是否小,如小应检查喇叭是否有问题。如在功放级采用干扰法检查,发出的"咯咯"声轻,可能是由输入、输出变压器初级或次级局部短路,功放管放大能力下降等因素引起的。

**6. 杂音**

这里所指的杂音,包括"汽船声"、"哨叫声"、"噪声"等。"汽船声",就是喇叭发出与调谐无关的"卜、卜"的声音。"哨叫声"一般是自激振荡引起的,故又称自激哨叫,即喇叭发出"呼呼声"、"咻咻声"。"噪声"是指喇叭发出较响的"嗞嗞"声。杂声是指喇叭发出"咔啦"、"轧轧"等声音,产生这些故障的原因比较复杂,既可能是由电路元器件损坏引起的,也可能是由外界干扰引起的,还可能是人为因素造成的。若出现"汽船声",可检查电池电压是否太低,电源滤波电容 $C_7$ 是否失效。若出现"哨叫声",可采用从前级往后级逐级将三极管基极对地瞬时短接,若哨叫消失,说明问题就在这一级,可能是电容失效、电阻短路等因素引起的。

## 5.6　实验报告要求

- 课题的任务和要求。
- 课题的不同方案设计和比较,说明所选方案的理由。
- 电路各部分原理分析和参数计算。
- 测试结果及分析。
- 实测各关键点的电压、电流参数,分析设计值和实测值误差的来源。
- 画出示波器观测到的各级输出波形,并进行分析;若波形有失真,讨论失真产生的原因和消除的方法。
- 课题总结。

# 参 考 文 献

[1] 付蔚.电子工艺基础[M].北京:北京航空航天大学出版社,2011.
[2] 姚宪华,郝俊青.电子工艺实习[M].北京:清华大学出版社,2010.
[3] 王天曦,李鸿儒,王豫明.电子技术工艺基础[M].北京:清华大学出版社,2009.
[4] 魏晓慧.电子工艺技能实训[M].北京:科学出版社,2011.
[5] 王勤.电工电子技术实践与应用教程[M].北京:高等教育出版社,2008.
[6] 金明.电子装配与调试工艺[M].南京:东南大学出版社,2005.
[7] 沈红卫.电工电子实验与实训教程——电路·电工·电子技术[M].北京:电子工业出版社,2012.
[8] 贾学堂.电工与电子技术实验实训[M].上海:上海交通大学出版社,2011.
[9] 王艳新.电工电子技术:实验与实习教程[M].上海:上海交通大学出版社,2009.
[10] 孙立群.电子电路识图完全掌握[M].北京:化学工业出版社,2002.
[11] 韩雪涛.电路图与实体电路对照识读全彩演练[M].北京:电子工业出版社,2015.
[12] 吴琼伟,谢龙汉.Protel DXP 2004 电路设计与制板[M].北京:清华大学出版社,2014.
[13] 王莹莹,汪东,晁阳.Protel DXP 电路设计实例教程[M].北京:清华大学出版社,2008.
[14] 王国祥,程茂林.实用电子技术技能与制作[M].北京:高等教育出版社,2015.
[15] 刘南平.实用电子技术:制作·调试·维修[M].北京:科学出版社,2008.
[16] 谈文心,邓建国.高频电子线路[M].西安:西安交通大学出版社,2008.
[17] 周选昌.高频电子线路[M].北京:科学技术出版社,2012.
[18] 陈邦媛.射频通信电路[M].北京:科学出版社,2008.
[19] 姚立真.通用电路模拟技术及软件应用 SPICE 和 PSPICE[M].北京:电子工业出版社,2009
[20] 李洪伟,袁斯华.基于 Quartus Ⅱ 的 FPGA/CPLD 设计[M].北京:电子工业出版社,2006.
[21] 黄任.ARV 单片机与 CPLD/FPGA 综合应用入门[M].北京:北京航空航天大学出版社,2004.
[22] 曾繁泰,王强,盛娜.EDA 工程的理论与实践[M].北京:电子工业出版社,2004.
[23] 甘历.VHDL 应用与开发实践[M].北京:科学出版社,2003.
[24] 张凯,林伟.VHDL 实例剖析[M].北京:清华大学出版社,2004.
[25] 杨霓清.高频电子线路实验及综合设计[M].北京:机械工业出版社,2009.
[26] 曹才开等.高频电子线路原理与实践[M].长沙:中南大学出版社,2010.
[27] 谈文心,邓建国.高频电子线路[M].西安:西安交通大学出版社,2008.
[28] 周选昌.高频电子线路[M].北京:科学技术出版社,2012.
[29] 陈邦媛.射频通信电路[M].北京:科学出版社,2008.